Studienwissen kompakt

Mit dem Springer-Lehrbuchprogramm „Studienwissen kompakt" werden kurze Lerneinheiten geschaffen, die als Einstieg in ein Fach bzw. in eine Teildisziplin konzipiert sind, einen ersten Überblick vermitteln und Orientierungswissen darstellen.

Weitere Bände dieser Reihe finden Sie unter
http://www.springer.com/series/13388

Carsten Rennhak
Marc Oliver Opresnik

Marketing: Grundlagen

Carsten Rennhak
Universität der Bundeswehr München
Institut für Organisationskommunikation
Neubiberg, Germany

Marc Oliver Opresnik
Luebeck University of Applied Sciences
Public Corporation
Lübeck, Germany

ISBN 978-3-662-45808-2   ISBN 978-3-662-45809-9 (eBook)
DOI 10.1007/978-3-662-45809-9

Die Deutsche Nationalbibliothek verzeichnet diese Publikation in der Deutschen Nationalbibliografie; detaillierte bibliografische Daten sind im Internet über http://dnb.d-nb.de abrufbar.

Springer Gabler
© Springer-Verlag Berlin Heidelberg 2016
Das Werk einschließlich aller seiner Teile ist urheberrechtlich geschützt. Jede Verwertung, die nicht ausdrücklich vom Urheberrechtsgesetz zugelassen ist, bedarf der vorherigen Zustimmung des Verlags. Das gilt insbesondere für Vervielfältigungen, Bearbeitungen, Übersetzungen, Mikroverfilmungen und die Einspeicherung und Verarbeitung in elektronischen Systemen.
Die Wiedergabe von Gebrauchsnamen, Handelsnamen, Warenbezeichnungen usw. in diesem Werk berechtigt auch ohne besondere Kennzeichnung nicht zu der Annahme, dass solche Namen im Sinne der Warenzeichen- und Markenschutz-Gesetzgebung als frei zu betrachten wären und daher von jedermann benutzt werden dürften.
Der Verlag, die Autoren und die Herausgeber gehen davon aus, dass die Angaben und Informationen in diesem Werk zum Zeitpunkt der Veröffentlichung vollständig und korrekt sind. Weder der Verlag noch die Autoren oder die Herausgeber übernehmen, ausdrücklich oder implizit, Gewähr für den Inhalt des Werkes, etwaige Fehler oder Äußerungen.

Lektorat: Michael Bursik

Gedruckt auf säurefreiem und chlorfrei gebleichtem Papier.

Springer-Verlag GmbH Berlin Heidelberg ist Teil der Fachverlagsgruppe Springer Science+Business Media
(www.springer.com)

Vorwort

Die konsequente Ausrichtung aller Unternehmensaktivitäten auf den Markt und den Kunden hin ist in Zeiten hart umkämpfter Märkte wesentliche Voraussetzung für den Aufbau komparativer Wettbewerbsvorteile und letztlich den Unternehmenserfolg!

Das vorliegende Buch soll als Einführung einen Überblick über die Grundkonzepte des Marketing als markt- und kundenorientierte Unternehmensführung vermitteln. Es richtet sich an Dozenten, welche das Fach Marketing an Universitäten, Fachhochschulen und Berufsschulen unterrichten und Studierende, die sich mit betriebswirtschaftlichen Fragen im Rahmen ihrer Aus- und Weiterbildung auseinandersetzen. Angesprochen sind aber auch Studierende, welche Marketing als Nebenfach gewählt haben (z. B. Juristen, Ingenieure, Psychologen etc.) und Praktiker, die mit entsprechenden Problemstellungen konfrontiert werden. Das Buch bietet die Möglichkeit, entweder einen vollständigen Überblick über das Gebiet des Marketing zu gewinnen oder aber nur einzelnen Fragestellungen zu bearbeiten.

Im Gegensatz zu den umfassenden Standardwerken im Marketing eignet sich dieses Buch zur Vermittlung eines kompakten Überblicks über die Ziele, Aufgaben, Instrumente sowie Methoden des modernen Marketings. Wir haben aufgrund der Sichtung entsprechender Marketingbücher sowie der Rückmeldung zahlreicher Studierender und Praktiker bei der Konzeption dieses Lehrbuches folgende zentralen Elemente realisiert, um den Lernerfolg nachhaltig sicherzustellen und den Leserinnen und Lesern einen echten Mehrwert zu liefern:

- Durch die kompakte und verständliche Aufbereitung der entsprechenden Themenkomplexe ist das Buch auch für Studierende mit dem Fach „Marketing" im Nebenfach sowie für Bachelorstudierende ideal geeignet und nicht überdimensioniert oder überfrachtet.
- Der Aufbau des Buches erlaubt es, jedes Teilgebiet des Marketings für sich allein zu studieren bzw. zu vertiefen.
- Am Anfang jedes Kapitels geben Lernziele einen ersten Überblick über die nachfolgend dargestellten Zusammenhänge.
- Wichtige Definitionen werden im Text gesondert hervorgehoben.
- Mit Hilfe der Wiederholungsfragen sind eine laufende Lernkontrolle und eine gezielte Prüfungsvorbereitung möglich.

Unser großer Dank für die Unterstützung bei der Herausgabe dieser Auflage geht an unsere Familien ohne deren Unterstützung und Geduld dieses Buch nicht hätte realisiert werden können. Herrn Michael Bursik vom Springer Gabler-Verlag danken wir für die hervorragende Betreuung des Projektes, insbesondere aber für seine große Geduld mit den Autoren und seine unablässige Motivation in der Endphase bei der Einreichung der Manuskripte. Besonderer Dank gebührt darüber hinaus Frau Carina Schmidt und Herrn Dr. Stefan Plenk vom Institut für Organisationskommunikation der Universität der Bundeswehr in München für deren großartige Unterstützung im Rahmen der finalen Überarbeitung sowie Frau Sabine Müller von der Fakultät Betriebswirtschaft der Universität der Bundeswehr in München für die Korrektur der Druckfahnen und Frau Vanessa Schweinshaupt für die Korrektur des Literaturverzeichnisses.

Ein Buch lebt von den Anregungen seiner Leserinnen und Leser. Wir würden uns deshalb freuen, wenn Sie uns zukünftig über eine der angegebenen E-Mail-Adressen bei der Weiterentwicklung und kontinuierlichen Verbesserung dieses innovativen Lehrbuches unterstützen würden.

Herzlichen Dank im Voraus für Ihre Rückmeldungen und Anregungen!

Carsten Rennhak
Universität der Bundeswehr München
carsten.rennhak@unibw.de

Marc Oliver Opresnik
Luebeck University of Applied Sciences
opresnik@fh-luebeck.de

Über die Autoren

Prof. Dr. Carsten Rennhak

Carsten Rennhak ist Professor für PR und Marketing an der Universität der Bundeswehr München. Von 2004 bis 2013 lehrte er Marketing an der ESB Reutlingen. Er ist Visiting Professor u. a. an der Zagreb School of Economics and Management, der SP Jain in Mumbai, der Polytechnical University in St. Petersburg und der Haaga-Helia, Helsinki. Von 2003 bis 2004 war er zudem als Professor für Marketing an der Munich Business School tätig. Prof. Rennhaks Lehr- und Forschungsschwerpunkte sind u. a. Produkt- und Preispolitik, Unternehmenskommunikation und Kundenbindung. Von 1997 bis 2003 war er als Unternehmensberater und Projektleiter im Bereich Telekommunikation, Medien, High-Tech bei Booz Allen Hamilton tätig. 2001 promovierte Rennhak an der Ludwig-Maximilians-Universität München mit einer Arbeit zur Wirkung vergleichender Werbung. Er besitzt einen M.A. in Volkswirtschaftslehre und ist zudem Dipl.-Kfm. Er ist Mitherausgeber mehrerer Fachzeitschriften und fungiert als Gutachter für diverse Journals. Prof. Rennhak ist Autor von etwa 20 Fachbüchern und über 150 wissenschaftlichen Aufsätzen. Prof. Rennhak war als Visiting Professor in Zagreb, St. Petersburg, Mumbai und Helsinki tätig.

Prof. Dr. Marc Oliver Opresnik

Marc Oliver Opresnik ist Professor für Marketing und Management sowie Mitglied des Direktoriums beim SGMI Management Institut St. Gallen und Professor für Allgemeine Betriebswirtschaftslehre an der Luebeck University of Applied Sciences. Darüber hinaus ist er Gastprofessor an internationalen Hochschulen wie der European Business School in London und der East China University of Science and Technology in Shanghai. Prof. Opresnik war zehn Jahre lang erfolgreich im Management eines internationalen Weltkonzerns tätig und ist Autor zahlreicher Artikel und Fachbücher, u. a. des internationalen Marketing-Standardwerkes „Marketing – A Relationship Perspective". Zusammen mit Kevin Keller und Phil Kotler zeichnet er als Co-Autor für die deutsche Ausgabe von „Marketing Management" verantwortlich. Er ist Mitherausgeber mehrerer Fachzeitschriften und fungiert als Gutachter für diverse Journals. Darüber hinaus ist er als „Senior Executive Vice President Education" und „Chief Research Officer" bei Kotler Impact Inc. für die weltweite Entwicklung, Einführung und Durchführung von Studiengängen, Executive Trainings sowie Forschung verantwortlich.

Prof. Opresnik arbeitet als Trainer, Keynote-Speaker und Berater (► www.opresnik-management-consulting.de) für zahlreiche Institutionen, Regierungen und internationale Konzerne. Über 100.000 Menschen haben ihn als Referenten auf Kongressen und Symposien und als Trainer in Seminaren zu Marketing, Vertrieb und Verhandlungsführung im In- und Ausland, u. a. in St. Gallen, Berlin, Houston, Moskau, London, Mailand, Dubai und Tokio erlebt.

Inhaltsverzeichnis

1	**Grundlagen**	1
	Carsten Rennhak, Marc Oliver Opresnik	
1.1	Lern-Kontrolle	5
2	**Konsumentenverhalten**	7
	Carsten Rennhak, Marc Oliver Opresnik	
2.1	Komplexe kognitive Vorgänge	11
2.2	Komplexe aktivierende Vorgänge	12
2.3	Involvement und Vorwissen	14
2.4	Entscheidungsverhalten	16
2.5	Lern-Kontrolle	19
3	**Marktsegmentierung**	21
	Carsten Rennhak, Marc Oliver Opresnik	
3.1	**Basis-Segmentierungskriterien im B2C-Bereich**	23
3.1.1	Geographische Segmentierung	24
3.1.2	Soziodemographische Segmentierung	25
3.1.3	Psychographische Segmentierung	26
3.1.4	Verhaltensorientierte Segmentierung	26
3.2	**Sonderformen der Segmentierung im B2C-Bereich**	28
3.2.1	Familien-Lebenszyklus	28
3.2.2	Lifestyle-Typologien	29
3.3	**Marktsegmentierung im B2B-Bereich**	31
3.4	**Lern-Kontrolle**	35
4	**Marktforschung**	37
	Carsten Rennhak, Marc Oliver Opresnik	
4.1	**Aufgabe und Systematik der Marktforschung**	39
4.2	**Marktforschungsprozess**	42
4.3	**Gütekriterien der Marktforschung**	46
4.4	**Auswahlverfahren in der Marktforschung**	47
4.5	**Datenanalyse**	53
4.5.1	Uni- und bivariate Datenanalyse	55
4.5.2	Multivariate Datenanalyse	56
4.6	**Lern-Kontrolle**	57

Inhaltsverzeichnis

5	**Produktpolitik**	59
	Carsten Rennhak, Marc Oliver Opresnik	
5.1	**Markenpolitik**	63
5.2	**Programmpolitik**	67
5.3	**Produktinnovation**	69
5.4	**Lern-Kontrolle**	75
6	**Preispolitik**	77
	Carsten Rennhak, Marc Oliver Opresnik	
6.1	**Preisbündelung und Preisdifferenzierung**	80
6.2	**Preisstrategien**	82
6.3	**Ansatzpunkte zur Bestimmung des optimalen Angebotspreises**	85
6.3.1	Kostenorientierte Bestimmung des Angebotspreises	86
6.3.2	Nachfrageorientierte Bestimmung des Angebotspreises	89
6.3.3	Wettbewerbsorientierte Bestimmung des Angebotspreises	91
6.3.4	Integrative Bestimmung des Angebotspreises	92
6.4	**Lern-Kontrolle**	93
7	**Kommunikationspolitik**	95
	Carsten Rennhak, Marc Oliver Opresnik	
7.1	**Kommunikationswirkung**	99
7.1.1	Das Hierarchy of Effects-Modell	100
7.1.2	Das Elaboration Likelihood-Modell	103
7.1.3	Das Modell der Wirkungspfade	105
7.2	**Instrumente der Kommunikationspolitik**	110
7.3	**Messung der Kommunikationswirkung**	124
7.4	**Lern-Kontrolle**	128
8	**Distributionspolitik**	131
	Carsten Rennhak, Marc Oliver Opresnik	
8.1	**Absatzorgane**	133
8.2	**Absatzwege**	136
8.3	**Lern-Kontrolle**	139
	Serviceteil	141
	Tipps fürs Studium und fürs Lernen	142
	Marketing auf einen Blick	147
	Definitionen im Überblick	148
	Literaturverzeichnis	151

Grundlagen

Carsten Rennhak, Marc Oliver Opresnik

1.1 Lern-Kontrolle – 5

Kapitel 1 · Grundlagen

Lern-Agenda

Die marktorientierte Unternehmensführung basiert auf diversen spezifischen Begriffen und Sachverhalten. Dieses Kapitel hat die entsprechenden Lernziele zum Inhalt und möchte folgendes vermitteln:
- was Gegenstand des Marketing ist,
- welche unterschiedlichen Grundhaltungen sich hinter dem Begriff Marketing verbergen und
- welche Entwicklungsstufen das Marketing durchlaufen hat.

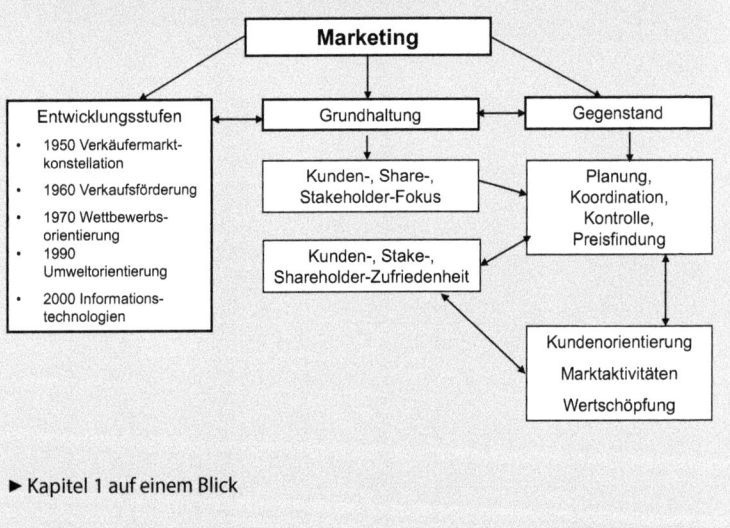

▶ Kapitel 1 auf einem Blick

Der Begriff „**Marketing**", der sich aus dem Englischen von „to go into the market" ableitet, wurde bereits Anfang des 20. Jahrhunderts in den USA und Deutschland verwendet (Hesse et al. 2007). Die Umsetzung von marktorientierten Ansätzen als Teil der Unternehmensführung war bereits schon vorher in der Unternehmenspraxis bekannt, so dass die beginnende Beschäftigung mit der Thematik an Hochschulen um 1900 nicht den Entstehungszeitpunkt des Marketing im eigentlichen Sinne darstellt.

Einen Überblick über unterschiedliche Marketingdefinitionen liefert Opresnik und Rennhak (2014) in ◘ Tab. 1.1.

Alle genannten Definitionen bringen den Begriff Marketing in Verbindung mit einem „Prozess", der „Wertschöpfung", „Austausch", „Kundenorientierung" und „Unternehmererfolg" umfasst. Marketing stellt den Kunden in den Fokus des unterneh-

Kapitel 1 · Grundlagen

Tab. 1.1 Ausgewählte Definitionen von Marketing. (Opresnik und Rennhak 2014)

Autor	Definition
Meffert (2000)	Marketing bedeutet … Planung, Koordination und Kontrolle aller auf die aktuellen und potentiellen Märkte ausgerichteten Unternehmensaktivitäten. Durch eine dauerhafte Befriedigung der Kundenbedürfnisse sollen die Unternehmensziele im gesamtwirtschaftlichen Güterversorgungsprozess verwirklicht werden.
Kotler und Bliemel (2006)	Marketing ist der Planungs-und Durchführungsprozess der Konzipierung, Preisfindung, Förderung und Verbreitung von Ideen, Waren und Dienstleistungen, um Austauschprozesse zur Zufriedenstellung individueller und organisationeller Ziele herbeizuführen.
Becker (2006)	Marketing als Führungsphilosophie [ist] die bewusste Führung des gesamten Unternehmens vom Absatzmarkt her, d. h. der Kunde und seine Nutzenansprüche sowie ihre konsequente Erfüllung stehen im Mittelpunkt des unternehmerischen Handelns, um so unter Käufermarktbedingungen Erfolg und Existenz des Unternehmens dauerhaft zu sichern.
American Marketing Association (2007)	Marketing is the activity, set of institutions, and processes for creating, communicating, delivering, and exchanging offerings that have value for customers, clients, partners, and society at large.
Kotler et al. (2010)	[…] Marketing als Prozess definieren, bei dem Unternehmen einen Wert für den Kunden schaffen und starke Kundenbeziehungen aufbauen um im Gegenzug einen Wert von den Konsumenten abzuschöpfen.

merischen Handelns. Ziel ist es dabei eine Beziehung zwischen dem Unternehmen und dem Kunden aufzubauen und zu entwickeln. Um erfolgreich am Markt agieren zu können, muss ein Unternehmen die Wünsche seiner Kunden kennen und verstehen und das Kundenproblem besser lösen als der Wettbewerb dies zu tun versteht.

Die dominant (end-)kundenorientierte Perspektive wurde im Marketing mehr und mehr auf weitere Stakeholder des Unternehmens wie beispielsweise Mitarbeiter, Shareholder, Staat oder Umwelt ausgedehnt. Somit wird die Gestaltung sämtlicher Austauschprozesse des Unternehmens mit den bestehenden Bezugsgruppen als Marketingaktivität angesehen und Marketing zunehmend als umfassendes Leitkonzept der Unternehmensführung angesehen.

Die verschiedenen **Entwicklungsstufen des Marketing** sind aus thematischer und anspruchsbezogener Sicht zu beleuchten. Der volkswirtschaftliche Einfluss auf die Begriffsentwicklung ist dabei nicht unwesentlich. Der Grad der Bedürfnisse ist stark abhängig davon, ob sich die Wirtschaft im Überfluss befindet oder von Einsparungen und

Konsumverzicht geprägt ist. Hesse et al. (2007, S. 16 f.) gliedern die wichtigsten Schritte der Entwicklung des Marketing ausgehend von der Zeit nach dem Zweiten Weltkrieg:

- Das Marketing der 1950er Jahre hatte zunächst die Distribution des Produktes oder der Dienstleistung zu fördern, d. h. es herrschte eine so genannte „**Verkäufermarktkonstellation**" vor, bei der das Produkt bzw. die Dienstleistung im Mittelpunkt des unternehmerischen Handelns stand. Grund dafür war der Nachfrageüberschuss und Angebotsmangel der Nachkriegszeit. Engpassfaktoren waren die Beschaffungs- bzw. Produktionsseite im Unternehmen, weniger die Absatzseite.
- Der Grundstein für die Massenproduktion von Verbrauchs- und Gebrauchsgütern wurde Mitte der 1960er Jahre gelegt. Die produktionsorientierte Sichtweise wurde schrittweise abgelöst und Unternehmen konzentrierten sich zunehmend auf den Verbraucher. Auch wuchs in diesem Zusammenhang das Bewusstsein für Markenartikel und damit verbunden der verstärkte Einsatz von Werbung als Mittel der Information. Das (Absatz-)Marketing wurde zunehmend zum dominanten Engpassfaktor. Die innovativen Ideen des Marketing-Mix wurden in den Unternehmen implementiert und im Sinne eines Aufbaus von Marketingabteilungen, die sich ausschließlich mit der **Verkaufsförderung** beschäftigen, verankert.
- Vor dem Hintergrund einer zunehmenden Marktsättigung wuchs die Bedeutung des Marketing in den 1970er Jahren weiter. Unternehmen mussten eine Strategie entwickeln, um sich von den Wettbewerbern abheben und gleichzeitig mehr auf die Zusatzbedürfnisse der Konsumenten eingehen zu können. Hesse et al. (2007, S. 17) sprechen hier von strategischem Marketing bzw. **wettbewerbsorientiertem Marketing**. Der Wandel vom Verkäufermarkt zum Käufermarkt war die wesentliche Voraussetzung für eine tatsächlich marktorientierte Unternehmensphilosophie, wie sie heute vorherrscht und für die Etablierung des Marketing als entscheidendes Führungskonzept im Unternehmen.
- In den 1990er Jahren gewann **umweltorientiertes Handeln als Markt- und Wettbewerbsfaktor** an Bedeutung. Der neue Trend fand unter dem Schlagwort „Öko-Marketing" (Meffert 1999) Eingang in das Schrifttum: Umweltverträgliche Produkte und bewusstes Handeln im Einklang mit der Natur bildeten die Grundlage des neuen Marketingkonzepts. Gleichzeitig gewinnt das Beziehungsmarketing gegenüber dem Jahrzehnte lang dominanten Transaktionsmarketing wesentlich an Bedeutung (Rennhak 2006).
- Mit Beginn des 21. Jahrhunderts kommen unter dem verstärkten Einfluss der **innovativen Informations- und Kommunikationstechnologie** neue Möglichkeiten und Herausforderungen auf das Marketing zu. Die neuen Medien stärken zweifelsohne die Position der Kunden. Diese entscheiden nun über das knappe Gut „Aufmerksamkeit", dominieren das Erscheinungsbild von Unternehmen und das Image von Produkten und gestalten die Beziehung zum Unternehmen auf Augenhöhe: Marketing findet nun im Idealfall mit dem Konsumenten und nicht mehr für den Konsumenten statt.

> Auf den Punkt gebracht: Marketing stellt den Kunden in den Mittelpunkt des Handelns von Unternehmen und verbindet Wertschöpfung und Unternehmererfolg mit Kundenorientierung und Interaktion.

1.1 Lern-Kontrolle

Kurz und bündig
Gegenstand des Marketing sind die kundenorientierten Austauschprozesse zwischen Unternehmen, Klienten und Stakeholdern auf dem Markt, die durch Fokus auf die Kundenbedürfnisse und die Wertschöpfung zum Erfolg eines Unternehmens beitragen soll. Marketing erlebte seit den 1950er Jahren verschiedene Entwicklungsstufen und ist an unterschiedlichen Stake- und Shareholdern ausgerichtet.

Let's check
1. Was ist der Gegenstand des Marketing? Weshalb spricht man in diesem Zusammenhang auch von einer Marketingphilosophie?
2. Welche Faktoren sind für eine Verschärfung des Wettbewerbs verantwortlich?
3. Welche Aspekte bilden die Voraussetzung für eine erfolgreiche Marketingorientierung?
4. Erläutern Sie die Beziehungsstruktur, mit der es ein Unternehmen im Rahmen des ganzheitlichen Marketing zu tun hat!

Vernetzende Aufgaben
1. Können auch andere Stakeholder jenseits von Unternehmen Marketing betreiben? Geben Sie hierfür Beispiele an.
2. Wie beeinflussten die Entwicklungsstufen des Marketing dessen Ausrichtung?

Lesen und Vertiefen
- Rennhak, C. (Hrsg.) (2006b). *Herausforderung Kundenbindung,* Wiesbaden.
- Hesse, J., Neu, M., Theuner, G. (2007). *Marketing-Grundlagen,* Berlin.

Konsumentenverhalten

Carsten Rennhak, Marc Oliver Opresnik

2.1 Komplexe kognitive Vorgänge – 11

2.2 Komplexe aktivierende Vorgänge – 12

2.3 Involvement und Vorwissen – 14

2.4 Entscheidungsverhalten – 16

2.5 Lern-Kontrolle – 19

C. Rennhak, M.O. Opresnik, *Marketing: Grundlagen*, Studienwissen kompakt,
DOI 10.1007/978-3-662-45809-9_2, © Springer-Verlag Berlin Heidelberg 2016

Kapitel 2 · Konsumentenverhalten

Lern-Agenda

Erfolgreiches Marketing setzt voraus, dass die Anbieter von Sachgütern bzw. Dienstleistungen die aktuellen oder latenten Bedürfnisse ihrer Nachfrager genau kennen. Damit kommt der Konsumentenverhaltensforschung eine große Bedeutung zu. Dieses Kapitel hat die entsprechenden Lernziele zum Inhalt und möchte folgendes vermitteln:

- was die wesentlichen Merkmale und die zentralen Fragestellungen der Konsumentenverhaltensforschung sind,
- welche Bedeutung die Konsumentenverhaltensforschung für das Marketing hat,
- was aktivierende psychische Prozesse sind,
- wie Emotionen, Motivationen und Einstellungen von Konsumenten entstehen und wie diese psychischen Determinanten durch das Marketing beeinflusst werden können und
- wie der Prozess der Aufnahme, Verarbeitung und Speicherung von Reizen durch den Konsumenten erfolgt.

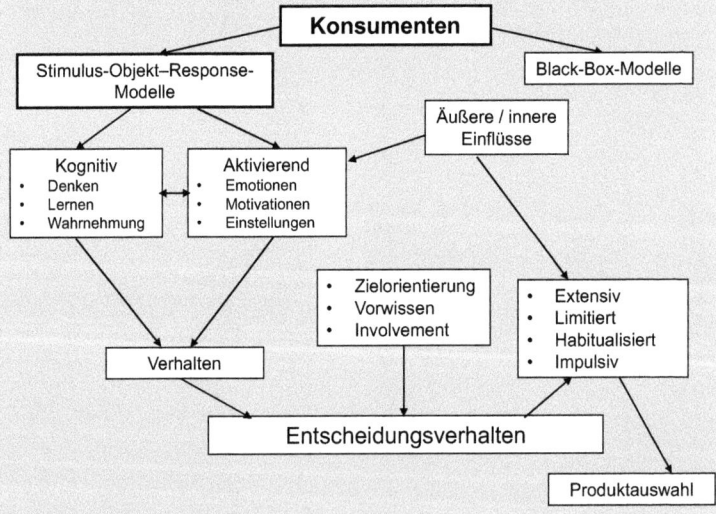

► Kapitel 2 auf einem Blick

Kapitel 2 · Konsumentenverhalten

Konsumentenverhalten kann prinzipiell auf zweierlei Art und Weise modelliert werden (vgl. dazu und im Folgenden Rennhak 2001):
- als echtes Verhaltensmodell (Stimulus-Objekt-Response-Ansatz) und
- als Black-Box-Modell (Stimulus-Response-Ansatz).

Der Unterschied zwischen den beiden Ansätzen liegt in der Erklärung der Umsetzung der Stimuli (z. B. Werbung) in Reaktionen (z. B. Kauf) begründet.

Black-Box-Modelle zeichnen sich dadurch aus, dass der Transformationsvorgang als unbekannt akzeptiert bzw. als irrelevant angesehen wird. Marketingaktivitäten wie Umweltdaten werden lediglich als Input behandelt. Warum und auf welche Weise dieser Input das Konsumentenverhalten steuert, interessiert nicht. Wichtig ist nur der beobachtbare Output (Nieschlag et al. 1997).

Als **echte Verhaltensmodelle** bezeichnet man hingegen am Stimulus-Objekt-Response-Paradigma ausgerichtete Versuche, die den psychischen Prozess des Zustandekommens von Kaufentscheidungen im Detail rekonstruieren und abbilden, d. h. „die Struktur des Bewusstseins ergründen" (Nieschlag et al. 1997, S. 197). Im Rahmen dieses Ansatzes wird versucht, die hypothetische Bewusstseinsstruktur durch theoretische Konstrukte wie Einstellungen, Motivation und Lernen empirisch zu untermauern (Weinberg 1981).

Kroeber-Riel et al. (2008, S. 49 ff.) unterteilen **psychische Vorgänge** in
- kognitive Prozesse und
- aktivierende Prozesse.

> **Merke!**
>
> **Kognitiv** sind Vorgänge, durch die der Rezipient Informationen aufnimmt, verarbeitet und speichert. Es handelt sich also um Prozesse der gedanklichen Informationsverarbeitung im weiteren Sinne.
>
> Als **aktivierend** bezeichnen Kroeber-Riel et al. (2008, S. 49, 58 ff.) Vorgänge, die mit inneren Erregungen und Spannungen verbunden sind und das Verhalten antreiben. Die Stärke der Aufmerksamkeit, mit der sich der Rezipient einer Werbebotschaft zuwendet, stellt u. a. einen Maßstab für den Grad der Aktivierung dar.

◘ Abb. 2.1 gibt einen Überblick über die psychischen Variablen (Opresnik und Rennhak 2014).

Die psychischen – kognitiven oder aktivierenden – Vorgänge werden von Innenreizen oder von Außenreizen ausgelöst.

Man unterscheidet die kognitiven und aktivierenden Vorgänge ferner danach, ob sie elementar oder komplex sind. Komplexe Vorgänge entstehen durch das Zusammenspiel von elementaren aktivierenden und kognitiven Prozessen, wobei komplexe psychische

Kapitel 2 · Konsumentenverhalten

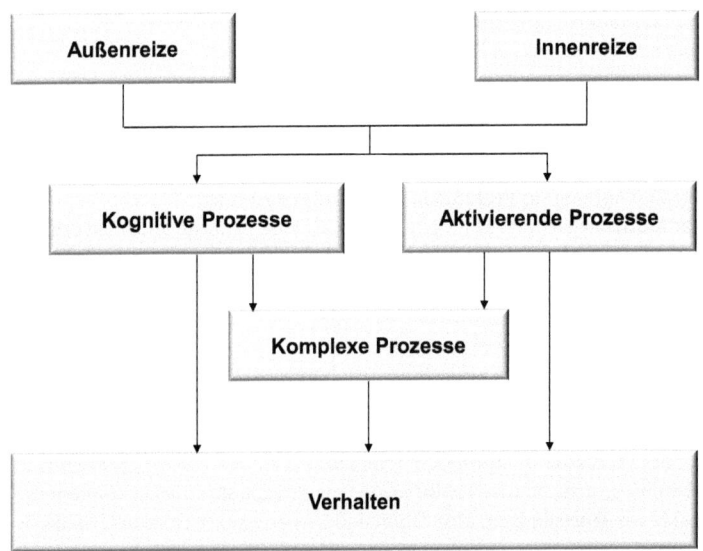

Abb. 2.1 Gesamtsystem psychischer Variablen (Grundmodell). (Opresnik und Rennhak 2014)

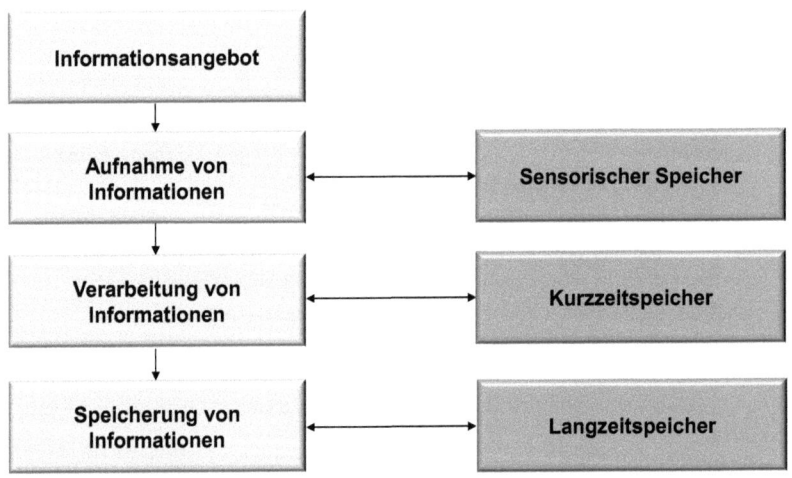

Abb. 2.2 Das Informationsverarbeitungsmodell. (Robertson et al. 1984)

Prozesse dann als kognitiv bezeichnet werden, wenn die kognitive Komponente überwiegt – und entsprechend als aktivierend, wenn die Aktivierungskomponente dominiert.

2.1 Komplexe kognitive Vorgänge

Meffert (2000, S. 109) unterteilt die komplexen kognitiven Vorgänge in
- Wahrnehmungen,
- problemlösendes Denken und Lernen (Gedächtnisleistung).

Eine kognitive Auseinandersetzung mit dem Kommunikationsinhalt ist nur möglich, wenn die in der Werbebotschaft enthaltenen Informationen aufgenommen werden. Berücksichtigt man außerdem, dass der Inhalt einer Werbebotschaft in unterschiedlichem Maße gespeichert wird, so ergibt sich folgendes Modell der Informationsverarbeitung (vgl. ◘ Abb. 2.2).

Der Prozess der Wahrnehmung ist durch die Informationsaufnahme gekennzeichnet (Kuß 1991). Aufgrund der beschränkten Informationsverarbeitungskapazität des Rezipienten kann dieser nur einen Teil der Umweltreize verarbeiten. Trommsdorff (1993, S. 37) nennt diese Selektion und die entsprechende Konzentration auf bestimmte Reize „Aufmerksamkeit".[1] Wahrnehmung umfasst neben der Aufnahme auch die Selektion von Information.[2]

Von Bedeutung für das Verständnis des Wahrnehmungsprozesses ist nach Kroeber-Riel et al. (2008, S. 266) weiterhin die **Aktivierung**: Damit ein Reiz wahrgenommen wird, ist die Überschreitung einer spezifischen Intensitätsschwelle notwendig.[3] Die Wahrnehmung des Konsumenten wird in hohem Maße vom Involvement beeinflusst. Bei niedrigem Involvement werden tendenziell weniger Informationen aufgenommen, wohingegen hoch-involvierte Konsumenten aktiv nach Informationen suchen (Meffert 2000).

Neben der Wahrnehmung zählt das problemlösende Denken und Lernen zu den kognitiven Bestimmungsfaktoren des Käuferverhaltens (Meffert 2000). Die Speicherung der Information im Langzeitgedächtnis stellt neben der Wahrnehmung eines der wichtigsten Werbeziele dar (Kearsley 1995).

---

1   Zur Messung der Aufmerksamkeit, die einer Werbebotschaft entgegengebracht wird, wird üblicherweise der Recallwert verwendet (vgl. Assael 1992, S. 149).
2   Meffert (2000, S. 109) subsumiert zusätzlich noch die Gliederung, Strukturierung und Interpretation von Information durch den Rezipienten unter diesem Begriff.
3   Der Sachverhalt, dass Wahrnehmung unterhalb dieses Schwellenwertes stattfindet, wird mit subliminaler Wahrnehmung bezeichnet (vgl. Pepels 1994, S. 85). Subliminale Wahrnehmung wird insbesondere unter dem Aspekt der unkontrollierten Steuerung des Konsumentenverhaltens mittels Werbung vielfach diskutiert (vgl. z. B. Trommsdorff 1993, S. 276 f.).

Tab. 2.1 Klassifikation der Emotionen. (Krech und Crutchfield 1971)

Emotion	Beispiel
primäre Gefühle	Freude, Furcht, Kummer, Ärger …
Gefühle, die eine Selbstwertung zum Gegenstand haben	Scham, Stolz, Schuld …
Gefühle, die auf andere Personen gerichtet sind	Liebe, Hass, Mitleid …
Gefühle, die sich auf einen Sinnesreiz beziehen	Schmerz, Abscheu, Entsetzen …
Stimmungen	Traurigkeit, Übermut, gewisse Formen der Angst …

2.2 Komplexe aktivierende Vorgänge

Die komplexen aktivierenden Vorgänge umfassen Emotion, Motivation und Einstellung.[4] Kroeber-Riel et al. (2008, S. 53 f.) definieren
- **Emotionen** als zentralnervöse Erregungsmuster in Verbindung mit kognitiven Wahrnehmungen,
- **Motivationen** als Emotionen in Verbindung mit kognitiven Zielorientierungen und
- **Einstellungen** als Motivationen in Verbindung mit kognitiven Gegenstandsbeurteilungen.

> **Merke!**
>
> **Emotionen** sind die grundlegenden menschlichen Antriebskräfte. Sie lösen beim Rezipienten über spezifische und allgemeine Erregungsvorgänge Aktivität aus. Darüber hinaus bestimmen diese Antriebskräfte bereits die allgemeine Richtung des resultierenden Verhaltens: In positiver Richtung erfolgt eine Hinwendung zur Situation, in negativer Richtung eine Vermeidung der Situation (Kroeber-Riel et al. 2008).

Krech und Crutchfield (1971, S. 230) unternehmen in **Tab. 2.1** eine Klassifikation der verschiedenen Arten von Emotionen.

---

4 Die Einstellung wird hier – wie in der Literatur üblich – den aktivierenden Vorgängen zugeordnet. Vgl. insgesamt Kroeber-Riel et al. (2008, S. 49).

2.2 · Komplexe aktivierende Vorgänge

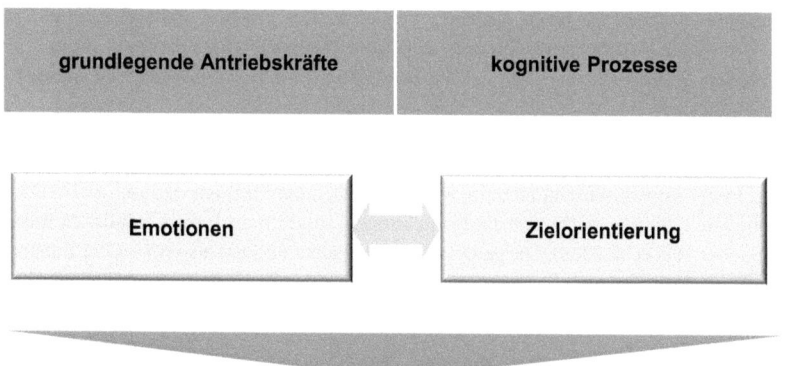

Abb. 2.3 Variableninteraktion zur Erklärung der Motivation nach Kroeber-Riel

Emotionen spielen bei der Gestaltung von Werbung eine bedeutende Rolle. Durch ihren gezielten Einsatz werden beim Rezipienten emotionale Prozesse ausgelöst (Behrens 1991). Für die inhaltliche Gestaltung von Werbung ist dies vor allem deshalb von Bedeutung, weil durch die Auslösung emotionaler Prozesse Produkte werblich mit einem Erlebniswert versehen werden können (Kroeber-Riel et al. 2008). Das Vorhandensein von Emotionen allein genügt aber i. d. R. nicht, das Verhalten auf spezielle Ziele – z. B. auf den Kauf eines bestimmten Produkts – auszurichten. Dazu sind zusätzliche kognitive Prozesse der Verhaltenssteuerung erforderlich. Im Begriff der Motivation werden die Antriebswirkungen von Emotionen und die kognitiven Wirkungen der Verhaltenssteuerung zusammengefasst (Lindzey und Hall 1978).

Die Variableninteraktion zur Erklärung des Motivationsbegriffs ist in **Abb. 2.3** dargestellt.

Ein weiteres, zentrales Konstrukt der Konsumentenforschung und besonders der Werbewirkungsforschung ist die **Einstellung** (Nieschlag et al. 1997). Kroeber-Riel et al. (2008, S. 168) umschreiben Einstellungen als „subjektiv wahrgenommene Eignung eines Gegenstandes zur Befriedigung einer Motivation" (Neibecker 1990, S. 243). Die Gegenstandsbeurteilung geht dabei auf gespeicherte Ansichten zurück.[5]

Im Rahmen einer Kaufentscheidung wählt der Rezipient unter mehreren Alternativen ein bestimmtes Produkt aus. Es wird angenommen, dass er die Vor- und

---

[5] In der Konsumentenforschung werden am häufigsten die Einstellung gegenüber dem Produkt sowie die Einstellung gegenüber der Werbung für dieses Produkt untersucht (vgl. Kroeber-Riel et al. 2008, S. 168).

Nachteile der verschiedenen Angebote vergleicht. Das Ergebnis stellt eine Rangfolge oder Präferenzordnung dar (Kearsley 1995). Einstellungen bilden die Basis dieser Präferenzen. Trommsdorff (1993, S. 123) bezeichnet Präferenzen deshalb als „relative Einstellungen".

Um tatsächliches Kaufverhalten vorhersagen zu können, ist es notwendig, neben den Einstellungen weitere verhaltensrelevante Einflüsse und Bedingungen zu beachten. In der Konsumentenforschung wird versucht, diese Einflüsse dadurch zu berücksichtigen, dass man nicht nur die Einstellungen, sondern auch die Kaufabsicht misst (Kroeber-Riel et al. 2008). Die gemessene Kaufabsicht umfasst also neben der Einstellung zum Produkt auch die antizipierten Einflüsse der Kaufsituation.

2.3 Involvement und Vorwissen

Das von Krugman (1965) eingeführte **Involvement-Konstrukt** hat innerhalb der Forschung zum Konsumentenverhalten einen zentralen Stellenwert erlangt (Meffert 2000).

Als wesentliches Systematisierungskriterium von Involvement dient die Ursache des Involvements. Entsprechend erfolgt eine Unterteilung in personen-, reiz- und situationsspezifisches Involvement (Deimel 1989; Kroeber-Riel et al. 2008; Mitchell 1979; Trommsdorff 1993):

- Personenspezifische Faktoren charakterisieren den Einfluss persönlicher Prädispositionen des Rezipienten, die von dessen subjektiven Bedürfnissen, Werten und Zielen abhängen.
- Situationsspezifische Faktoren charakterisieren den Einfluss des Stimulus auf die Entscheidung.
- Stimulusspezifische Faktoren charakterisieren den Einfluss des Produktes und der Kommunikationsform, die wiederum in Werbeträger- und Werbemittel-Involvement differenziert werden kann. Während es schwierig ist, das Produkt-Involvement eindeutig zu klassifizieren, kann das Werbe-Involvement hinsichtlich der emotionalen und kognitiven Wirkung näher analysiert werden.[6]

Bzgl. des Begriffs „Involvement" besteht in der Literatur keineswegs Einigkeit. Folgende Definition des Involvement-Begriffs versucht, den verschiedenen Ansätzen gerecht zu werden:

---

6 So beschreibt Kroeber-Riel (1993, S. 99 ff.) ein Wirkungsmuster der Werbung in Abhängigkeit von der Art der Werbung und dem Involvement.

2.3 · Involvement und Vorwissen

Tab. 2.2 Charakteristika von High- und Low-Involvement-Kommunikation. (Kroeber-Riel et al. 2008)

Charakteristika der Kommunikation	Involvement	
	High	Low
Werbeziel	überzeugen	gefallen
Inhalt	Argumente	Identifikation (z. B. Name, Logo)
Zeitdauer	lang	kurz
Mittel	Sprache	Bild
Wiederholung	weniger	häufiger

> **Merke!**
>
> **Involvement** beschreibt den Grad der langfristigen persönlichen Relevanz eines Stimulus sowie den Grad der kurzfristigen Aktivierung durch für die Person relevante stimulusgerichtete Reize im Rahmen von Informationssuche, -aufnahme, -verarbeitung und -speicherung.

Dem Involvement wird somit mit der „Aktivierung" eine inhaltliche und mit der „Stärke" eine formale Dimension zugeschrieben. Der Grad der Aktivierung gibt die Stärke der physiologischen Erregung an.

Die Wahrnehmung des Konsumenten wird in hohem Maße von seinem Involvement beeinflusst. Bei niedrigem Involvement werden tendenziell weniger Informationen aufgenommen, wohingegen hoch involvierte Konsumenten bestrebt sind, alle verfügbaren Informationen zu sammeln (Meffert 2000). Krugman (1965, S. 583 ff.) geht davon aus, dass auch die Intensität der Informationsverarbeitung vom Grad des Involvements abhängt. Auch Batra und Ray (1983, S. 309 f.) sind der Meinung, dass das Involvement Umfang und Intensität der Informationsverarbeitung wesentlich beeinflusst.

Löst der Werbekontakt starke Aufmerksamkeit aus, so werden kognitive Vorgänge ausgelöst, die den Entscheidungsprozess vorantreiben. Trifft die Werbung dagegen auf einen kaum involvierten Konsumenten, so findet vorrangig emotionale Konditionierung statt. Sie setzt keine hohe Aufmerksamkeit voraus und trägt zu einer emotionalen Bindung des Konsumenten ohne kognitiven Lernaufwand bei. **Tabelle 2.2** zeigt zusammenfassend die unterschiedlichen Charakteristika von High- und Low-Involvement bei werblicher Kommunikation (Kroeber-Riel et al. 2008).

■ Tab. 2.3 Involvement und Entscheidungsverhalten. (Kroeber-Riel et al. 2008)

Involvement		Entscheidungsmerkmale
kognitiv	**emotional**	
sehr stark	stark	extensiv
stark	schwach	limitiert
schwach	stark	impulsiv
schwach	schwach	habitualisiert

Das Involvement-Konstrukt erlaubt die Ableitung der gewählten Typologie des Entscheidungsverhaltens. Dies ist in ■ Tab. 2.3 dargestellt.

Der Grad der Aktivierung stellt die Elementargröße des Entscheidungsverhaltens dar. Hierauf bauen emotionale wie kognitive Prozesse auf.[7]

Das **Vorwissen** der Konsumenten hat sich in letzter Zeit immer mehr zu einem zentralen Problembereich der Konsumentenforschung entwickelt und ist neben dem Involvement ein wichtiger Ansatz zur Erklärung des Entscheidungsverhaltens.[8]

Bettman und Park (1980) gehen davon aus, dass das Vorwissen des Konsumenten bzgl. der beworbenen Produktkategorie maßgeblichen Einfluss auf dessen Entscheidungsprozess bei der Auswahl eines Produkts ausübt. Art und Umfang des Vorwissens determinieren Motivation und Fähigkeit des Konsumenten zur Informationsverarbeitung.

2.4 Entscheidungsverhalten

Ökonomische Entscheidungen des Konsumenten stehen unter dem Druck einer rationalen Begründung.[9]. Das Modell der klassischen Entscheidungstheorie gibt keine

---

7 Mantel und Kardes (1999, S. 336 f.) gehen davon aus, dass der Grad des Involvements auch entscheidend dafür verantwortlich ist, ob Präferenzen eher auf der Basis der Produktattribute oder auf der Basis der Einstellung zum Produkt gebildet werden.
8 Vgl. Brucks (1985, S. 1); Bijmolt et al. (1998, S. 265 f.); Heilman et al. (2000, S. 139). Als problematisch erweist sich dabei die Tatsache, dass bzgl. der Methoden zur Messung von Vorwissen in der Forschung bislang kein Konsens besteht (vgl. Mitchell und Dacin, 1996, S. 219).
9 Vgl. Haubl et al. (1986, S. 131). Die Annahmen der Wirtschaftstheorie implizieren einen Modellmenschen, den „homo oeconomicus" (vgl. z. B. Hanusch und Kuhn 1991, S. 12). Der homo oeconomicus trachtet, stets am Eigennutzen orientiert, danach, seine Bedürfnisse optimal zu befriedigen. Damit dies gelingt, verfügt er über eine Reihe hervorragender Eigenschaften, deren bedeutendste eben die Rationalität seines Handelns ist.

2.4 · Entscheidungsverhalten

Anhaltspunkte dafür, welche kognitiven Prozesse während der Bewertung und Auswahl von Alternativen ablaufen. Die kognitive Psychologie dagegen verwirft die Prämissen der Rationaltheorie und geht davon aus, dass reale Entscheidungen meistens nicht optimal im objektiven Sinne sein können. Simon (1957a, S. 198) prägt diesen Umdenkprozess. Seine Kernaussage lautet: „Die Fähigkeit des menschlichen Geistes zur Formulierung und Lösung komplexer Probleme ist im Verhältnis zur Größe der in Frage stehenden Probleme, die in der Wirklichkeit mittels objektiv rationalen Verhaltens zu lösen sind, sehr klein."[10] Der Konsument benutzt zu seiner Entscheidung nur einen geringen Teil der verfügbaren Information. Wird er dazu gebracht, eine größere Informationsmenge für seine Entscheidung heranzuziehen, so kann sich die Entscheidungseffizienz verringern (Kroeber-Riel et al. 2008). Nach Simon (1957b, S. 243) ist „eine Entscheidung subjektiv rational, wenn sie mit den Werten, den Alternativen und den Informationen, die zum Zeitpunkt der Entscheidungsfindung gegeneinander abgewogen werden, konsistent ist." Das Maximierungsprinzip der Wirtschaftstheorie wird durch das Satisfizierungsprinzip ersetzt.[11] Laut Simon (1964, S. 574) ist Verhalten dann irrational, wenn affektive Mechanismen den Entscheidungsprozess dominieren.

Der Informationsverarbeitungsansatz der kognitiven Psychologie[12] beschreibt den Problemlösungsprozess so, als ob der Konsument ein mehr oder weniger umfangreiches und verzweigtes Computerprogramm abarbeitet. Die Prozesse der Informationsaufnahme, des Abrufs bereits gespeicherter Information, der Verarbeitung und der Ausgabe von Ergebnissen werden durch ein übergeordnetes Ablaufprogramm koordiniert. Solche Programme oder Methoden der Lösungsfindung stellen in aller Regel Heuristiken dar.[13]

---

10 Silberer (1979, S. 50 ff.) geht sogar soweit, die Kapazitätsbeschränkungen des Konsumenten als einen generellen Ansatzpunkt für die Erklärung des Konsumentenverhaltens zu betrachten.

11 Vgl. Simon (1957a, S. 204 f.); March und Simon (1976, S. 140) bezeichnen Verhalten, das nicht dem Optimierungsprinzip folgt, als Satisficing-Strategie. Den gleichen Sachverhalt spricht Kirsch (1978, S. 9) an. Er weist darauf hin, dass Probleme „oft nicht eigentlich gelöst, sondern nur gehandhabt werden". Janis und Mann (1977, S. 29 f.) fassen Satisficing- und Optimierungsverhalten als Endpunkte eines Verhaltenskontinuums auf, die sich hinsichtlich der Anzahl der berücksichtigten Kriterien, der Anzahl der betrachteten Alternativen, Ordnungs- und Prüfvorgängen bzgl. der Alternativen und der Art der Prüfung unterscheiden.

12 Der Informationsverarbeitungsansatz greift grundlegende Aspekte früherer Ansätze auf, insbesondere der gestaltpsychologisch ausgerichteten Überlegungen von Duncker (1935); Maier (1930); Wertheimer (1957). Im Gegensatz zur Gestaltpsychologie betont der Informationsverarbeitungsansatz stärker die Aktivitäten des Menschen gegenüber „den Kräften des Feldes" (Bromme und Hömberg 1977, S. 115).

13 Vgl. Brander et al. (1989, S. 124). Brander et al. (1989, S. 125) weisen darauf hin, dass Konsumenten ihre Vorgehensweise oft nicht explizit planen, da sie ihre Aufmerksamkeit in der Regel nicht auf die Art ihres Vorgehens richten, wenn sie sich inhaltlich mit Problemen befassen. Die angewendeten Heuristiken sind aber prinzipiell dem Bewusstsein zugänglich.

Wie entscheiden Konsumenten zwischen mehreren Produktalternativen? Bevor auf verschiedene Heuristiken bei Kaufentscheidungen eingegangen wird, soll zunächst ein Überblick über verschiedene Klassen von Kaufentscheidungen gegeben werden. Anschließend wird diskutiert, welche dieser Kaufentscheidungen eventuell mittels vergleichender Werbung zu beeinflussen sind.

Kroeber-Riel et al. (2008, S. 371 ff.) unterscheiden in
- extensive,
- limitierte,
- habitualisierte und
- impulsive Kaufentscheidungen.

Extensive Kaufentscheidungen lassen sich nach folgenden Aspekten charakterisieren:
- Die Produktauswahl wird kognitiv gesteuert. Die gedankliche Steuerung ist umso stärker, je weniger der Konsument über bewährte Entscheidungsmuster verfügt, um die Kaufentscheidung zu vereinfachen.
- Die kognitive Steuerung bedarf einer emotionalen Schubkraft. Motivationale und kognitive Prozesse bedingen sich gegenseitig. Das bedeutet, das Anspruchsniveau, d. h. die subjektiv wahrgenommenen Anforderungen an das Entscheidungsverhalten und an die Entscheidungsziele, aktiviert das Informationsverhalten und wird dadurch gleichzeitig konkretisiert. Das Anspruchsniveau wird erst im Laufe des Entscheidungsprozesses fixiert.

Bei kognitiver Vereinfachung des Entscheidungsverhaltens erreicht ein Konsument ein Stadium, in dem er nicht mehr extensiv, jedoch auch noch nicht habitualisiert entscheidet. Er fällt seine Kaufentscheidung limitiert. Unter **limitierter Kaufentscheidung** werden also solche Kaufentscheidungen verstanden, die geplant und überlegt gefällt werden und die auf Wissen bzw. Erfahrung beruhen (Kroeber-Riel et al. 2008).

Habitualisierte Kaufentscheidungen kennzeichnen ebenso wie limitierte Kaufentscheidungen eine spezifische Form vereinfachten Entscheidungsverhaltens. Gemeinsam ist beiden Entscheidungsarten die kognitive Entlastung des Entscheidungsaufwandes, die untergeordnete Bedeutung affektiver Prozesse und die geringe Entscheidungszeit. Habitualisierte Entscheidungen sind jedoch stärker vereinfacht als limitierte Kaufentscheidungen und konzentrieren sich auf wenige, zentrale Kognitionen. Hinzu kommt, dass habitualisierte Kaufentscheidungen auch reaktiv gefällt werden können, d. h. sie können quasi automatisch ablaufen (Kroeber-Riel et al. 2008).

Impulsives Verhalten ist ein unmittelbar reizgesteuertes Entscheidungsverhalten, das in der Regel von Emotionen begleitet wird. Der Konsument reagiert weitgehend automatisch, d. h. er wählt das Produkt ohne weiteres Nachdenken einfach deswegen, weil es ihm gefällt bzw. seinen besonderen Vorlieben entspricht (Kroeber-Riel et al. 2008).

2.5 · Lern-Kontrolle

> **Auf den Punkt gebracht:** Konsumentenverhalten wird grundsätzlich in kognitive (Wahrnehmung, problemlösendes Denken, Informationsverarbeitung) und aktivierende Vorgänge (Stimuli) unterteilt, wobei affektive Einflüsse z. B. durch Emotionen eine wichtige Rolle spielen können. Sie bestimmen, eingebettet in Vorwissen und den bestehenden Grad des Involvements, wie ein Konsument auf eine bestimmte Botschaft reagiert und sind somit ein Maßstab für den Grad der Aktivierung.

2.5 Lern-Kontrolle

Kurz und bündig

Die Analyse des Konsumentenverhaltens ist nur durch den Stimulus – Objekt – Response Ansatz möglich, nicht jedoch bei Betrachtung des Konsumenten als Black Box. Dabei wird davon ausgegangen, dass aktivierende und kognitive Faktoren in Verbindung mit äußeren und inneren Einflüssen komplexe Verhaltensprozesse erzeugen. Aus diesen wiederum leiten sich verschiedene Entscheidungsverhalten beim Kauf von Produkten ab, z. B. extensiv, limitiert, habitualisiert oder impulsives Verhalten. Auf diese Verhaltensweisen kann nun das Marketing durch Beeinflussung der Produktauswahl einwirken.

Let's check

1. Erläutern Sie die Bedeutung der Käuferverhaltensforschung für das Marketing anhand der zentralen Fragestellungen der Käuferverhaltensforschung!
2. Grenzen Sie den SR-Ansatz und den SOR-Ansatz gegeneinander ab! Welchen grundlegenden Nachteil weist der SR-Ansatz aus Marketingsicht auf?
3. In welcher Weise beeinflussen soziales und kulturelles Umfeld des Konsumenten das Kaufverhalten?
4. Welche grundlegende Bedeutung haben aktivierende Prozesse für das Käuferverhalten?
5. Erläutern Sie anhand konkreter Beispiele, welche Reize das Marketing einsetzen kann, um Konsumenten zu aktivieren!
6. Erläutern Sie die Bedeutung der Aktivierung für die Verhaltensbeeinflussung! Welcher Zusammenhang besteht zwischen Aktivierung und Involvement?
7. Was versteht man unter Emotionen? Welche grundlegende Relevanz besitzen diese für das Marketing?
8. Worin unterscheiden sich Motivationen und Emotionen?
9. Erläutern Sie den Begriff sowie die verschiedenen Komponenten der Einstellung!
10. Weshalb sind Informationen über die Einstellungen von Konsumenten von elementarer Bedeutung für die erfolgreiche Planung von Marketingaktivitäten?

Kapitel 2 · Konsumentenverhalten

❓ Vernetzende Aufgaben

1. Welchen Nutzen könnte das Black Box Modell jenseits aller Kritik bei der Analyse von Konsumentenverhalten haben?
2. Wie kann Marketing das Entscheidungsverhalten bereits vor Beginn des Entscheidungsverfahrens beeinflussen?
3. Welche Probleme ergeben sich durch die Betrachtung des Konsumentenverhaltens als reines Stimulus – Objekt – Response Schema?
4. Kann extensives, limitiertes, habitualisiertes und impulsives Entscheidungsverhalten auch von der Produktgattung abhängig sein und nicht nur vom Konsumenten? Nehmen Sie hierzu Stellung und begründen Sie Ihre Meinung mit empirischen Beispielen.
5. Welche Alternativmodelle für das Konsumentenverhalten wären neben den beiden im Kapitel vorgestellten denkbar?

ℹ️ Lesen und Vertiefen

- Rennhak, C. (2001). *Die Wirkung vergleichender Werbung,* Wiesbaden.
- Kroeber-Riel, W., Weinberg, P., Gröppel-Klein, A. (2008). *Konsumentenverhalten,* München.

Marktsegmentierung

Carsten Rennhak, Marc Oliver Opresnik

3.1 Basis-Segmentierungskriterien im B2C-Bereich – 23
- 3.1.1 Geographische Segmentierung – 24
- 3.1.2 Soziodemographische Segmentierung – 25
- 3.1.3 Psychographische Segmentierung – 26
- 3.1.4 Verhaltensorientierte Segmentierung – 26

3.2 Sonderformen der Segmentierung im B2C-Bereich – 28
- 3.2.1 Familien-Lebenszyklus – 28
- 3.2.2 Lifestyle-Typologien – 29

3.3 Marktsegmentierung im B2B-Bereich – 31

3.4 Lern-Kontrolle – 35

C. Rennhak, M.O. Opresnik, *Marketing: Grundlagen*, Studienwissen kompakt,
DOI 10.1007/978-3-662-45809-9_3, © Springer-Verlag Berlin Heidelberg 2016

Lern-Agenda

Die Absatzmärkte vieler Unternehmen sind dadurch gekennzeichnet, dass sich die Bedürfnisse der Abnehmer mehr oder weniger stark unterscheiden. Folglich muss eine Entscheidung darüber getroffen werden, ob der Marketingmix auf alle Kunden gleichermaßen oder aber speziell auf einzelne Kundensegmente mit jeweils homogenen Ansprüchen ausgerichtet werden soll. Dieses Kapitel hat die entsprechenden Lernziele zum Inhalt und möchte folgendes vermitteln:

- was Gegenstand der Marktsegmentierung ist,
- welche Segmentierungskriterien es im B2B und B2C Marketing gibt und
- welche Besonderheiten es im Dienstleistungsmarketing sowie Handelsmarketing zu berücksichtigen gilt.

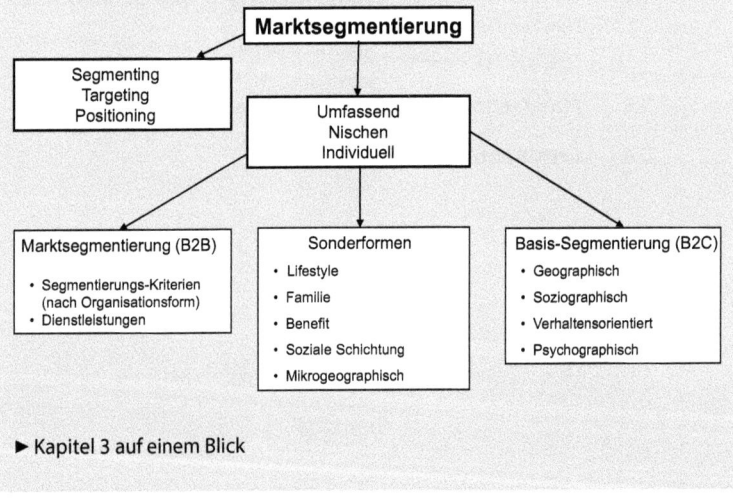

▶ Kapitel 3 auf einem Blick

Es ist ein wesentliches Charakteristikum einer integrierten marktorientierten Unternehmensführung, dass nicht das jeweilige Leistungsangebot, sondern der Kunde mit seinen Wünschen und Bedürfnissen die Grundlage für unternehmerische Entscheidungen bildet (Kesting und Rennhak 2008). Je kundenorientierter ein Anbieter agiert, desto größer ist der hierdurch erzielbare Wettbewerbsvorteil (Tomczak und Sausen 2003). Bis zum Zeitpunkt der einsetzenden Wandlung von Verkäufer- zu Käufermärkten dominierte undifferenziertes Massenmarketing, das auf die Erschließung und Abdeckung von Massenmärkten abzielt. Das Konzept der Marktsegmentierung setzt im Gegensatz zum Massenmarketing nicht an den Gemeinsamkeiten aller Abnehmer an, sondern berücksichtigt im Sinne des Marketing-Grundgedankens – nämlich der Ausrichtung aller Unternehmensaktivitäten am Kunden – spezifische Bedürfnisse verschiedener Nachfragergruppen (Meffert 2000).

> **Merke!**
>
> Unter **Marktsegmentierung** versteht man „(…) die Aufteilung des heterogenen Gesamtmarktes für ein Produkt in homogene Teilmärkte oder Segmente und die gezielte Bearbeitung eines Segmentes (bzw. mehrerer Segmente) mit Hilfe segmentspezifischer Marketing-Programme (…)" (Freter 1983).

Das empfohlene Vorgehen zur Segmentierung von Märkten wird in der Literatur häufig anhand des **STP[1]-Modells** beschrieben (Kesting und Rennhak 2008). Dieser Ansatz unterteilt den Prozess der Marktsegmentierung in drei Hauptschritte, die in einer chronologischen Reihenfolge abzuwickeln sind (vgl. dazu und im Folgenden Kesting und Rennhak 2008). An erster Stelle steht dabei die eigentliche Segmentierung, d. h. die Aufteilung des Gesamtmarktes in einzelne Segmente durch den Einsatz geeigneter Segmentierungsvariablen. Diese Segmente stellen optimalerweise möglichst klar abgrenzbare Käufergruppen dar, die jeweils mit einem speziell auf sie zugeschnittenen Leistungsangebot bzw. einem spezifischen Marketing-Mix angesprochen werden sollen. Um seine Chancen in jedem der Teilmärkte einzuschätzen, muss ein Anbieter nun die Attraktivität der Segmente bewerten und auf Basis dieser Evaluation diejenigen festlegen, die er bedienen möchte. Für jeden Zielmarkt wird im dritten Schritt zum Aufbau einer tragfähigen Wettbewerbsposition ein Positionierungskonzept entwickelt und gegenüber den Nachfragern signalisiert (Kotler und Bliemel 2006).

3.1 Basis-Segmentierungskriterien im B2C-Bereich

Kriterien zur Segmentierung müssen bestimmte Bedingungen erfüllen. In der Literatur werden üblicherweise sechs Anforderungen an sie gestellt (Meffert 2000), die u. a. dazu dienen, die Zweckmäßigkeit der Marktaufteilung zu gewährleisten (vgl. ◘ Tab. 3.1).

Segmentierungskriterien lassen sich in wenige Oberkategorien klassifizieren, die in der Literatur teilweise leicht voneinander abweichen. Die folgenden Ausführungen stützen sich primär auf die Einteilung von Meffert, der zwischen geographischen, soziodemographischen, psychographischen und verhaltensorientierten Kriterien unterscheidet (Meffert 2000).

---

1 Segmenting, Targeting, Positioning.

Tab. 3.1 Anforderungen an Segmentierungskriterien

Anforderungen an Segmentierungskriterien	
Kaufverhaltensrelevanz	Geeignete Indikatoren für zukünftiges Kaufverhalten
Messbarkeit (Operationalität)	Messbar und erfassbar mit den vorhandenen Marktforschungsmethoden
Erreichbarkeit bzw. Zugänglichkeit	Gewährleistung einer gezielten Ansprache der gebildeten Segmente
Handlungsfähigkeit	Gewährleistung des gezielten Einsatzes des Marketinginstrumentariums
Wirtschaftlichkeit	Nutzen der Erhebung sollte größer sein als die dafür anfallenden Kosten
Zeitliche Stabilität	Längerfristige Gültigkeit der mittels der Kriterien erhobenen Informationen

3.1.1 Geographische Segmentierung

Die **geographische Segmentierung** gilt als die älteste Form der Marktsegmentierung (Bagozzi et al. 2000). Dies ist zum einen auf die räumliche Verteilung der Bevölkerung zurückzuführen und zum anderen darauf, dass sich in bestimmten Regionen eine eigenständige Kultur mit spezifischen Verhaltensmustern entwickelt (Freter 1983). Darüber hinaus können auch klimatische Bedingungen einen Einfluss auf das Kaufverhalten haben (Bagozzi et al. 2000).

Die klassische geographische Segmentierung, die auch als makrogeographische Segmentierung (Meffert 2000) bezeichnet werden kann, unterteilt den Markt in verschiedene regionale Einheiten (Kotler und Bliemel 2006). Große international agierende Unternehmen segmentieren häufig nach Ländern oder größeren geographischen Regionen. Tendenziell widmen sie inzwischen aber auch den geographischen Einheiten innerhalb eines Landes mehr Aufmerksamkeit (Bagozzi et al. 2000). Dies können u. a. Bundesländer, Städte, Landkreise oder Gemeinden sein. Für den deutschen Markt wird häufig die bekannte Einteilung in Nielsen-Gebiete herangezogen.[2]

Der Vorteil des geographischen Segmentierungsansatzes liegt in erster Linie in der leichten Verfügbarkeit der benötigten Daten, die im Allgemeinen in Form von

---

2   Vgl. hierzu Meffert (2000, S. 189 f.) Dieses Konzept des Marktforschungsinstitutes ACNielsen unterteilt das Bundesgebiet in Regionen, die sich an den Bundesländern orientieren. Darüber hinaus werden auch die bedeutsamsten Ballungsräume berücksichtigt und separat betrachtet (▶ www.acnielsen.de).

Tab. 3.2 Soziodemographische Segmentierungskriterien

Soziodemographische Segmentierungskriterien	
Demographische Kriterien	**Sozioökonomische Kriterien**
Geschlecht	Schulabschluss
Alter	Ausbildung
Familienstand	Beruf
Anzahl und Alter der Kinder	Einkommen

Sekundärmaterial schnell und preiswert erhältlich sind. Eine Segmentierung nach geographischen Kriterien erscheint vor allem bei Produktgruppen sinnvoll, bei denen spezifische regionale Präferenzen der Käufer zu erkennen sind.

3.1.2 Soziodemographische Segmentierung

Eine andere Form der klassischen Segmentierung stellt neben dem geographischen Ansatz die Segmentbildung auf Basis soziodemographischer Merkmale dar (Bruns 2000). Hierbei unterscheidet man üblicherweise zwischen demographischen und sozioökonomischen Kriterien (vgl. Tab. 3.2).

Die soziodemographische Segmentierung bedient sich Populationscharakteristika zur Abgrenzung von Konsumentengruppen. Sie geht von einer starken Korrelation der Konsumpräferenzen mit den von ihr eingesetzten Variablen aus. So erweist sich insbesondere in Entwicklungsländern eine Segmentierung nach dem Einkommen als sinnvoll, denn in ärmeren Gebieten ist die Einkommenselastizität der Nachfrage vergleichsweise hoch, so dass sich mit steigendem Einkommen die Nachfrage nach Luxusgütern in Relation zu der nach Produkten des täglichen Bedarfs verändert (Bagozzi et al. 2000).

Soziodemographischen Kriterien fällt im Rahmen der Marktsegmentierung quasi eine Schlüsselrolle zu. Selbst in den Fällen, in denen nur Segmentierungskriterien aus anderen Kategorien zum Einsatz kommen, werden sie zur Beschreibung gebildeter Segmente herangezogen (Bagozzi et al. 2000). Sie ermöglichen u. a. Einschätzungen im Hinblick auf die Marktgröße und die Erreichbarkeit der Nachfrager (Bagozzi et al. 2000).

Der Hauptvorteil des soziodemographischen Segmentierungsansatzes liegt in der leichten Erfass- und Messbarkeit der Kriterien (Meffert 2000). Allerdings beinhalten sie keine direkten Informationen in Bezug auf Präferenzen und Motive der Käufer. Sie sagen daher nur sehr begrenzt etwas über Gewohnheiten, Einstellungen und Werte der Nachfrager aus (Bagozzi et al. 2000).

◘ **Tab. 3.3** Psychographische Segmentierungskriterien. (Meffert 2000)

Psychographische Segmentierungskriterien	
Allg. Persönlichkeitsmerkmale	**Produktspezifische Merkmale**
Soziale Orientierung	Wahrnehmungen, Motive
Risikofreude	Präferenzen, Kaufabsichten
Allgemeine Einstellungen	Spezifische Einstellungen
...	...

3.1.3 Psychographische Segmentierung

Da geographische und soziodemographische Segmentierungen lediglich eine formalstatistische Gleichheit von Personen erfassen, kann daraus nicht automatisch auf ein gleichartiges Verhalten dieser Verbraucher geschlossen werden. Als Reaktion auf die begrenzte Aussagefähigkeit der klassischen Segmentierungskriterien in Bezug auf das Kaufverhalten führte man daher den psychographischen Segmentierungsansatz ein. Er bezweckt die Definition von Käufergruppen anhand von Merkmalen, die zur Bildung gleichartiger, psychisch verwandter Gruppierungen führen (Becker 2012). Psychographische Kriterien tragen somit u. a. der Tatsache Rechnung, dass Individuen trotz ihrer Zugehörigkeit zur gleichen demographischen Gruppierung teilweise völlig unterschiedliche Ansichten und Einstellungen haben können (Kotler et al. 2003).

Nach wie vor besteht allerdings keine einheitliche Grundauffassung darüber, welche Merkmale man nun konkret unter dem Begriff der psychographischen Segmentierung zusammenfasst (Becker 2012). Dennoch lässt sich diesbezüglich zumindest eine grundsätzliche Untergliederung in allgemeine Persönlichkeitsmerkmale und produktspezifische Merkmale vornehmen (vgl. ◘ Tab. 3.3).

Psychographische Segmentierungskriterien können prinzipiell einen wertvollen Beitrag zur Erhöhung der Trennschärfe von Segmenten auf Basis klassischer Kriterien leisten und setzen dort an, wo geographische und soziodemographische Segmentierungen an ihre Grenzen stoßen (Becker 2012).

3.1.4 Verhaltensorientierte Segmentierung

Während geographische, soziodemographische und psychographische Segmentierungskriterien lediglich Hintergrundcharakteristika der Nachfrager beschreiben (Bagozzi et al. 2000), spiegeln verhaltensorientierte Kriterien das Ergebnis von Kaufent-

3.1 · Basis-Segmentierungskriterien im B2C-Bereich

◘ Tab. 3.4 Verhaltensorientierte Segmentierungskriterien. (Freter 1983)

Verhaltensorientierte Segmentierungskriterien	
Produktwahl	– Käufer/Nichtkäufer der Produktart – Markenwahl – Kaufvolumen
Preisverhalten	– Preisklassen – Reaktion auf Sonderangebote
Mediennutzung	– Art und Zahl der Medien – Intensität der Nutzung
Einkaufsstättenwahl	– Betriebsformen – Geschäftstreue/-wechsel

scheidungsprozessen wider. Analog zu den vier Marketing-Instrumentalbereichen lässt sich bei diesem Segmentierungsansatz eine Untergliederung in produkt-, preis-, kommunikations-, und vertriebsbezogene Merkmale vornehmen (vgl. ◘ Tab. 3.4).

Im Hinblick auf die Produktwahl werden insbesondere drei Aspekte beleuchtet. Zunächst einmal ist von Interesse, ob Verbraucher bestimmte Produktarten kaufen oder nicht. Mögliche Ansatzpunkte zur Marktsegmentierung in Bezug auf die Markenwahl können Markenkäufer bestimmter Marken oder Konsumenten von Marken bestimmter Marktschichten wie Premiummarken sein.

Eine verhaltensorientierte Segmentierung bietet sich auch im Hinblick auf das Preisverhalten an. Von Interesse sind hier insbesondere Parameter wie der Kauf in gewissen Preisklassen oder die Reaktion von Konsumenten auf Sonderangebote.

Mittels einer Analyse im Hinblick auf Art und Anzahl der Mediennutzung können Werbeträger gezielt für die verschiedenen Teilsegmente festgelegt werden. Wird darüber hinaus auch noch die interpersonelle Kommunikation beleuchtet, lässt sich zudem eine Unterteilung in Meinungsführer und Meinungsfolger vornehmen (Vossebein 2000).

Relevante Kriterien bezüglich der Einkaufsstättenwahl sind in erster Linie Präferenzen im Hinblick auf bestimmte Betriebstypen sowie die Geschäftstreue. Oft werden sie in Verbindung mit psychographischen Merkmalen zur Bildung einer Einkaufsstättentypologie herangezogen (Heinemann 1989), da sich eine direkte Ansprache spezifischer Konsumentengruppen als sehr schwierig erweist, falls die Wahl der Einkaufsstätte als isoliertes Segmentierungskriterium zum Einsatz kommt (Vossebein 2000).

Verhaltensorientierte Kriterien weisen im Großen und Ganzen eine vergleichsweise hohe Kaufverhaltensrelevanz auf und sind zudem relativ leicht messbar. Insgesamt gelten verhaltensorientierte Segmentierungen als wirtschaftlicher als der psychographische Ansatz (Becker 2012), erfassen allerdings die Entstehung von Kaufentscheidungsprozessen nicht. Dementsprechend lassen sie meist keine Rückschlüsse darauf zu, wie lange das beobachtete Kaufverhalten anhält, da es keine Hinweise darauf gibt, welche der verwendeten Variablen darauf konkret Einfluss haben.

3.2 Sonderformen der Segmentierung im B2C-Bereich

Im Folgenden werden nun die auf Basis der im vorhergehenden Abschnitt beschriebenen Segmentierungskriterien entwickelten Sonderformen aggregierter Segmentierung im B2C-Bereich vorgestellt. Sie zeigen auf, inwieweit Trennschärfe und Aussagekraft von Segmentierungen durch spezifische Kriterienkombinationen substanziell erhöht werden können (vgl. dazu und im Folgenden Kesting und Rennhak 2008).

3.2.1 Familien-Lebenszyklus

Eine weitere Sonderform der soziodemographischen Segmentierung stellt der so genannte Familien-Lebenszyklus dar (vgl. ◘ Abb. 3.1). Der Begriff Lebenszyklus bezeichnet den in mehrere Phasen eingeteilten Lebensablauf von Personen. Im vorliegenden Fall bildet die Familie das Bezugsobjekt für diesen Lebensablauf (Kroeber-Riel et al. 2008).

Gemäß dem Familien-Lebenszyklus wird das Leben von Konsumenten in mehrere Abschnitte unterteilt, denen jeweils ein spezifisches Konsumverhalten zugeordnet wird. Er kombiniert mehrere demographische Merkmale zu einem Gesamtkonstrukt und macht dadurch Unterschiede im Kaufverhalten besser deutlich als eine herkömmliche Segmentierung auf Basis einzelner soziodemographischer Angaben (Müller-Hagedorn 2001). Als gängige Kriterien werden hierfür der Familienstand, die Zahl der Kinder sowie das Alter der Haushaltsmitglieder bzw. Ehepartner herangezogen (Wells und Gubar 1966).[3]

Empirische Untersuchungen haben ergeben, dass die Stellung im Familien-Lebenszyklus stark mit dem Kauf bestimmter Produkte und Dienstleistungen korreliert, die in gewissen Lebensphasen verstärkt nachgefragt werden. Somit ist eine gewisse Aussagekraft im Hinblick auf Käufe in der Produktart gegeben (Freter 1983). Dieser Zusammenhang ermöglicht bei vielen Produkten die Ableitung der Marktgröße aus der Position von Personen im Familien-Lebenszyklus (Vossebein 2000).

---

3   Der Familienlebenszyklus wird in der Literatur nicht einheitlich abgegrenzt. Die Konzepte differieren in Bezug auf die Anzahl und die Bezeichnung der Lebensphasen (vgl. Blackwell et al. 2013, S. 490 ff.; Ennew und Waite 2007, S. 153; Foscht und Swoboda 2007, S. 139; Kroeber-Riel et al. 2008, S. 452).

3.2 · Sonderformen der Segmentierung im B2C-Bereich

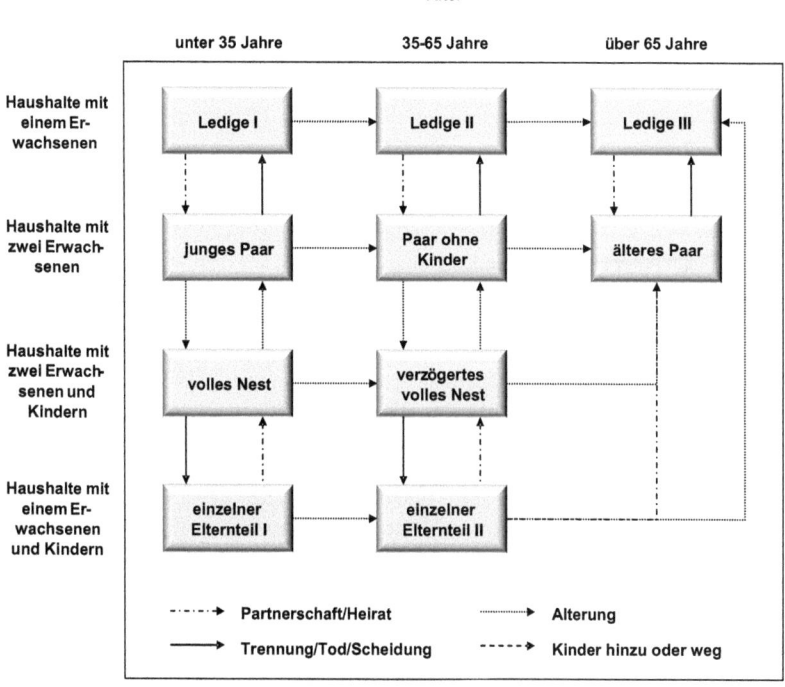

Abb. 3.1 Familienlebenszyklus. (Freter 1983)

3.2.2 Lifestyle-Typologien

Das Lifestyle-Konzept beruht auf der Erkenntnis, dass die isolierte Verwendung psychographischer Segmentierungskriterien nur beschränkte Aussagen über kaufrelevante Marktsegmente zulässt. Es knüpft am Lebensstil der Konsumenten an (Becker 2012), der eine umfassende Beschreibung darüber liefert, wie Menschen ihr Leben führen, ihr Geld ausgeben und ihre Zeit verbringen (Freter 2001). Zur Messung des Lebensstils existieren zwei unterschiedliche Vorgehensweisen. Einerseits kann er anhand der Produkte erfasst werden, die Personen erwerben. Dieses Konzept geht also davon aus, dass das Konsumverhalten die Persönlichkeit und den Lebensstil von Verbrauchern widerspiegelt. Wesentlich bedeutsamer für Segmentierungszwecke ist allerdings der zweite Ansatz. Demnach verkörpert der Lebensstil ein Beziehungssystem aus Aktivitäten (Activities), Interessen (Interests) und Meinungen (Opinions) von Individuen. Man spricht in diesem Zusammenhang vom so genannten AIO-Ansatz (Frank et al. 1972).

Obwohl Lifestyle-Typologien in der Praxis großen Anklang finden, existieren nur wenige etablierte Grundmodelle, die von Verlagen und Marktforschungsinstituten konzipiert wurden. Zwei dieser Ansätze werden im Folgenden kurz vorgestellt.[4] Hierfür wurden das Sinus-Milieu-Modell als Vertreter allgemein gehaltener Typologien und die Pkw-Käufer-Typologie als Beispiel für eine produktbezogene Typologie ausgewählt.

Die Lebensweltforschung der Sinus Sociovision GmbH in Heidelberg geht von der Prämisse aus, dass der Mensch als Produkt seiner Sozialisation anzusehen ist. Fragenkomplexe zu verschiedenen Themen führten dabei zur Bildung von Milieutypen (Berekoven et al. 2009). Die Klassifizierung beruht auf dem Ansatz der sozialen Schichtung („Soziale Lage") in Kombination mit dem Wertegerüst („Grundorientierung") der Befragten. Zusätzlich lassen sich die Milieus noch durch zahlreiche weitere Segmentierungskriterien konkretisieren (Freter 2001). Namhafte Unternehmen haben wiederholt auf den Milieuansatz zurückgegriffen[5] und das Sinus-Modell mit ihren Kundendaten verknüpft (Meffert 2000). Darüber hinaus werden auch Spezialinstrumente von Marktforschungsinstituten und Verlagen mit den Sinus-Milieus kombiniert.[6]

Die Pkw-Käufer-Typologie wurde 2004 von der Bauer Media KG in der vierten Auflage veröffentlicht. Sie basiert auf Daten der Verbraucheranalyse (VA), die eine Konzentration auf Personengruppen ermöglicht, die in den nächsten zwei Jahren den Kauf eines Pkws beabsichtigen. Die Typologie fasst den Kaufentscheidungsprozess dabei als Spannungsfeld zwischen Kaufmotiven und Kaufzwängen auf und gelangte so zu insgesamt zehn Pkw-Käufer-Typen. Dazu betrachtete man funktionale[7], rationale[8] und emotionale[9] Kaufmotive. Im Hinblick auf die Kaufzwänge wurden unter dem Aspekt der Ausgabebereitschaft mehrere soziodemographische und geographische Merkmale[10] erfasst. Die Darstellung der identifizierten Typen erfolgt mittels eines Modells, das auf der x-Achse die Kaufmotive und auf der y-Achse die Ausgabebereitschaft abbildet.

---

4 Als Beispiele für weitere gängige Typologisierungsansätze lassen sich u. a. die Euro-Socio-Styles der GfK, die Typologie der Wünsche des Burda Advertising Center sowie die Outfit-5-Typologie des Spiegel-Verlags anführen (vgl. Bauer et al. 2003, S. 36 ff.).
5 So nennen Bauer et al. (2003, S. 37) z. B. die Deutsche Bank sowie die Automobilhersteller BMW, Daimler-Chrysler, Volkswagen, Volvo und Fiat.
6 So können beispielsweise die Outfit-Typen der Outfit-Typologie mit den Sinus-Milieus verknüpft und dadurch entsprechenden Lebensstilen zugeordnet werden.
7 Wie z. B. Sicherheit/Komfort, Familie und Qualität.
8 Wie z. B. Spar- und Umweltaspekte.
9 Wie z. B. Prestige, Spaß und Freiheit.
10 Dies waren im einzelnen: Alter, frei verfügbares Einkommen, Familienstand, Personen im Haushalt, Kinder unter 14 Jahre, Ortsgröße, Tätigkeit des Befragten, jetziger Beruf des Befragten und Wohnverhältnis.

3.3 Marktsegmentierung im B2B-Bereich

Die Marketingliteratur behandelt das Thema Marktsegmentierung in erster Linie mit Blick auf den Konsumgüterbereich. Die Unterschiede, die zwischen Transaktionsprozessen mit Privatpersonen und organisationalen Nachfragern bestehen, sind aber oftmals so beträchtlich, dass eine reine Adaption der B2C-Problemlösungsansätze an den B2B-Bereich nicht ausreicht (Backhaus et al. 2004). Wesentliche segmentierungsrelevante Differenzen zwischen B2B- und B2C-Märkten bestehen insbesondere auf der Nachfrager- und Anbieterseite sowie hinsichtlich der Beziehungen zwischen den Marktpartnern (Meffert 2000). Marketingaspekte für industrielle Transaktionen haben sich inzwischen zu einem Schwerpunktthema in Forschung und Lehre entwickelt, wenngleich die B2B-Marketing-Forschung noch nicht den Entwicklungsstand der Forschung im Konsumgütermarketing erreicht hat. Mittlerweile befassen sich zahlreiche Fachbücher exklusiv mit B2B-Marketing (vgl. dazu und im Folgenden Kesting und Rennhak 2008).[11]

Backhaus (1997) hat im letzten Jahrzehnt den Begriff „Industriegütermarketing" für Leistungen für industrielle Anwendungen eingeführt, der in der Literatur mittlerweile ebenfalls im Zusammenhang mit obiger Definition verwendet wird. Industriegütermarketing, industrielles Marketing und Investitionsgütermarketing sind inzwischen weitgehend identisch verwendete Begriffe, wie Backhaus und Voeth (2011, S. 6) feststellen. Im Folgenden wird B2B-Marketing im Vergleich zum Industriegüter- bzw. Investitionsgütermarketing als noch weiter gefassten Begriff betrachtet, der auch Unternehmen des Groß- und Einzelhandels als Abnehmergruppen mit einbezieht (Backhaus und Voeth 2004). Andere Autoren wiederum nehmen diese strikte Trennung[12] nicht vor. So setzen z. B. Kotler et al. (2003, S. 468) Industriegütermärkte mit B2B-Märkten gleich.[13]

---

11 Vgl. Backhaus und Voeth (2011, S. 4 f.). Ein Vergleich von 18 Lehrbüchern über diesen Bereich zeigt allerdings, dass die jeweiligen Autoren Aspekten der Marktsegmentierung und -positionierung im Durchschnitt lediglich 16 Seiten widmen (vgl. Backhaus et al. 2004, S. 40 f.).

12 Eine klare Abgrenzung von Märkten nach Industriegüter- bzw. Investitionsgüterbereich und dem weiter gefassten B2B-Bereich erscheint insbesondere bei Produkten wie Büromöbel, die nur sehr indirekt zur Erstellung weiterer Leistungen dienen, etwas strikt: So wird z. B. die Vermarktung von Büromöbeln für Geschäftsräume einer Unternehmensberatung gemäß Backhaus und Voeth (2011, S. 409) ebenfalls zum Industriegütermarketing gezählt – aber nur deshalb, weil die Leistungserbringung des Abnehmers dieser Möbel nicht in der Distribution an Endverbraucher besteht. Büromöbel für Geschäftsräume eines Einzelhandelsunternehmens wären demnach nicht dem Industriegütermarketing zuzurechnen.

13 Büschken et al. (1998) verwenden Industriegüter- bzw. Investitionsgütermarketing und Business-to-Business-Marketing ebenfalls synonym. Auch Becker (2006, S. 702) nimmt keine Abgrenzung dieser beiden Termini vor.

In der Literatur sind somit unterschiedliche Auffassungen zur Bezeichnung und Abgrenzung organisationaler Märkte zu finden. Die Ausführungen im Hinblick auf Marktbesonderheiten und Segmentierungsaspekte werden davon jedoch prinzipiell nicht tangiert. Backhaus und Voeth (2011, S. 5) nehmen zwar eine klare Abgrenzung zwischen B2B-Marketing auf der einen und Industriegütermarketing auf der anderen Seite vor, räumen aber auch ein, dass beide Termini jeweils sehr ähnliche Aspekte behandeln. Die entscheidende Gemeinsamkeit aller Definitionen bzw. Sichtweisen ist jedoch, dass organisationale Märkte Endverbraucher als Zielgruppe ausschließen. Im Sinne eines weit gefassten, allgemeineren Begriffsverständnisses werden diese Märkte daher im Rahmen des vorliegenden Buches als B2B-Märkte oder synonym als Investitionsgütermärkte bezeichnet.

Organisationale Käufe werden üblicherweise mittels formaler Regelungen strukturiert und gelenkt (Bagozzi et al. 2000). Diese im Vergleich zu Geschäften auf B2C-Märkten stärkere Formalisierung der Nachfrage organisationaler Beschaffer dient der Vergleichbarkeit konkurrierender Anbieterlösungen und resultiert u. a. aus der Komplexität bestimmter Investitionsprobleme. Beschaffungsprozesse auf B2B-Märkten sind ferner dadurch gekennzeichnet, dass sie sich häufig über einen längeren Zeitraum erstrecken und einen ausgeprägten Phasenbezug aufweisen (Meffert 2000). Innerhalb der Kundenorganisation sind im Regelfall mehrere Personen am Kaufentscheid beteiligt. All diese Personen werden zusammengefasst als „Buying Center" bezeichnet (Ammann 2000). Da die einzelnen Kaufentscheidungsbeteiligten oft unterschiedliche Präferenzen haben, besteht ein relevantes Marketingproblem in einer effizienten Lösung von Präferenzkonflikten.[14]

Wie auf Konsumgütermärkten kommen die Instrumente des klassischen Marketing-Mix auch im Investitionsgüterbereich zum Einsatz (Meffert 2000). Im Hinblick auf die Ausgestaltung der Produktpolitik, Kontrahierungspolitik, Kommunikationspolitik und Distributionspolitik sind jedoch im Vergleich zu B2C-Märkten teilweise erhebliche Unterschiede zu beachten. So ist das Leistungsangebot im B2B-Bereich seltener auf einen anonymen Markt gerichtet als dies bei Produkten und Dienstleistungen für Endverbraucher der Fall ist.[15]

---

14 Vgl. Backhaus und Voeth (2011, S. 9). Auf Konsumgütermärkten beschränkt sich Marktsegmentierung hingegen vorwiegend auf individuelle Kaufdeterminanten, teilweise auch auf kollektive, falls eine Entscheidung z. B. in der Familie getroffen wird. Dies kann möglicherweise beim Autokauf der Fall sein. Insgesamt betrachtet sind Gruppenentscheidungen jedoch eher für den B2B-Bereich als repräsentativ anzusehen (vgl. Backhaus und Voeth 2011, S. 9; Meffert 2000, S. 1217).

15 Vor einigen Jahren war dieser Unterschied zwischen B2B- und B2C-Märkten allerdings noch wesentlich deutlicher ausgeprägt. Inzwischen lassen sowohl bei Investitions- als auch bei Konsumgütern Beispiele für beide Marktfokussierungen finden. Aufgrund der größeren Bedeutung von Auftragsfertigungen im Investitionsgüterbereich ist dennoch eine gewisse Schwerpunktlegung auf identifizierte Märkte zu erkennen (vgl. Backhaus und Voeth 2011, S. 9).

3.3 · Marktsegmentierung im B2B-Bereich

Insgesamt ist zu konstatieren, dass der Transaktionswert der Angebote sowie die Komplexität der Leistungen und Kaufentscheidungen auf B2B-Märkten im Allgemeinen höher sind als im B2C-Bereich (Meffert 2000). Organisationales Beschaffungsverhalten erweist sich demnach als vielschichtiger als das Kaufverhalten von Privatpersonen und unterscheidet sich deutlich von diesem. Zusammenfassend bleibt festzuhalten: „Organisationales Beschaffungsverhalten vollzieht sich in einem multipersonalen Problemlösungs- und Entscheidungsprozess, der durch aktives Informationsverhalten und durch häufige Interaktionen gekennzeichnet ist (Backhaus und Voeth 2011)."

Bei Segmentierungen im Investitionsgüterbereich ist daher den besonderen Verhaltensweisen beim Einkauf und den ihnen jeweils zurechenbaren Einflussgrößen Rechnung zu tragen. Dadurch ist auch die Komplexität von B2B-Segmentierungen bedingt (Griffith und Pol 1994). Diese zeigt sich in Form der für organisationale Märkte einsetzbaren Segmentierungskriterien und -ansätze, die im Rahmen der folgenden Abschnitte vorgestellt werden.

Segmentierungsstrategien sind auch auf B2B-Märkten von hoher Relevanz, da hier ebenfalls verschärfte Wettbewerbsbedingungen zu beobachten sind. Um wettbewerbsfähig zu bleiben und entsprechende Wettbewerbsvorteile aufbauen zu können, müssen B2B-Anbieter gezielter auf die jeweiligen spezifischen Kundenanforderungen eingehen. Somit sind auch im Investitionsgüterbereich homogene Abnehmergruppen mit gleichartigen Strukturen bzw. Verhaltensweisen zu ermitteln (Becker 2012). Die Anforderungen, denen Segmentierungskriterien grundsätzlich genügen müssen (Meffert 2000), gelten somit auch für Märkte mit organisationalen Nachfragern (Backhaus und Voeth 2011).

Insbesondere die stärkere Orientierung an den Einkaufsgremien bzw. Buying Centers hat in den letzten Jahren zu einer deutlichen Verfeinerung der Segmentierungskriterien im Investitionsgüterbereich geführt (Bruhn 2004). Becker (2012) unterscheidet drei Kategorien von B2B-Segmentierungskriterien: Organisations-bezogene, organisationsmitgliederbezogene und organisationsverhaltens-bezogene Kriterien. Diese Gliederung ist analog zur gängigen Kategorisierung von Kriterien für B2C-Märkte gestaltet und ermöglicht dementsprechend eine vergleichsfähige Gegenüberstellung von Segmentierungskriterien im B2B- und B2C-Bereich (vgl. ◘ Tab. 3.5).

Organisationsbezogene Variablen sind sehr gut mit den klassischen Segmentierungskriterien des B2C-Bereichs (geographische und soziodemographische Merkmale) vergleichbar. Es handelt sich hierbei um eher formale Unterscheidungsmerkmale, wie z. B. den Organisationsstandort, die Organisationsgröße, die Branchenzugehörigkeit, das Marktvolumen oder den Organisationstyp. Sofern derartige Kriterien isoliert zur Segmentierung herangezogen werden, weisen sie eine vergleichsweise geringe Trennschärfe auf, da sie dann ebenso wie einzeln eingesetzte klassische B2C-Variablen im Regelfall nicht dazu geeignet sind, Marktsegmente deutlich genug voneinander abzugrenzen (Becker 2012).

Organisationsmitgliederbezogene Variablen bilden psychische Charakteristika der Mitglieder bzw. Entscheidungsträger in Nachfrager-Organisationen ab. Somit stehen

Tab. 3.5 Gegenüberstellung von B2B- und B2C-Segmentierungskriterien. (Becker 2006)

B2B	B2C
Organisationsbezogene Kriterien	Geographische und soziodemographische Kriterien
Organisationsmitgliederbezogene Kriterien	Psychographische Kriterien
Organisationsverhaltensbezogene Kriterien	Verhaltensorientierte Kriterien

sie in Analogie zu den psychographischen Variablen des B2C-Bereichs und stützen sich auch auf vergleichbare Aspekte wie diese. Beispiele für organisationsmitgliederbezogene Variablen sind Wahrnehmung, Motivation, Innovationsfreudigkeit, Informationsgewinnung, Einstellungen oder Persönlichkeitsmerkmale. Auch ihre Trennschärfe ist bei Verwendung einzelner Merkmale dieser Kategorie begrenzt, lässt sich aber durch Kombinationen adäquater Variablen erhöhen (Becker 2012). Die separate Betrachtung von organisations-bezogenen auf der einen und organisationsmitgliederbezogenen Aspekten auf der anderen Seite verdeutlicht bereits die Vielschichtigkeit von Segmentierungen auf B2B-Märkten.

Organisationsverhaltensbezogene Kriterien ziehen das Kaufverhalten von Organisationen als Segmentierungsgrundlage heran. Insofern sind sie mit den verhaltensorientierten B2C-Segmentierungskriterien vergleichbar. Wie bereits angeführt, ist das Einkaufsverhalten im Investitionsgütermarketing zumeist durch Mehrpersonenentscheidungen gekennzeichnet, so dass das kollektive Einkaufsverhalten den Hauptanknüpfungspunkt bildet. Bedeutsame verhaltensorientierte Kriterien im B2B-Bereich sind dementsprechend u. a. Größe, Zusammensetzung oder interpersonale Beziehungen von Buying Centers. Hinzu kommen weitere Verhaltensaspekte wie Auftragsgrößen, Auftragsvergabekriterien, Kaufzeitpunkte, Produktverwendungen, Verwendungsintensitäten oder Lieferantentreue. Prinzipiell sind Segmentierungen auf der Grundlage organisationsverhaltensbezogener Variablen am ehesten dazu in der Lage, klar unterscheidbare Zielgruppen zu definieren.[16]

> **Auf den Punkt gebracht:** Marktsegmentierung dient zur systematischen Aufteilung des Gesamtmarktes in verschiedene homogene Teile, wodurch spezifische Marketingstrategien möglich werden.

---

16 Vgl. Becker (2006, S. 281). Bagozzi et al. (2000, S. 312) schätzen verhaltensorientierte B2B-Segmentierungen ebenfalls als aussagekräftiger ein als z. B. Segmentierungen anhand organisationsbezogener Kriterien.

3.4 Lern-Kontrolle

Kurz und bündig

Unter **Marktsegmentierung** versteht man die Aufteilung des Gesamtmarkts in verschiedene Teilsegmente, wodurch gezieltes Produktmarketing betrieben werden kann. Die Segmentierung kann, je nachdem ob es sich um B2C oder B2B handelt, anhand verschiedener Kategorien (z. B. soziographisch, psychographisch, organisationssoziologisch etc.) vorgenommen werden. Anhand der entsprechenden Segmentierung können Marketingkonzepte zielgerichtet angewendet werden (Targeting), um ein Produkt im passenden Marktsegment entsprechend zu positionieren (Positioning).

Let's check

1. Erläutern Sie die grundlegenden Unterschiede zwischen Marktsegmentierung im B2C und im B2B Bereich.
2. Zur Segmentierung können unterschiedliche Kriterien herangezogen werden. Nennen Sie drei gewählte Segmentierungskriterien!
3. Was versteht man unter einer Lifestyle-Segmentierung?
4. Welche veränderten Rahmenbedingungen zwingen viele regionale Unternehmen zur nationalen Markterschließung?

Vernetzende Aufgaben

1. Welche Marktsegmentierungskategorien könnten eine Rolle spielen, wenn ein Unternehmen mit öffentlichen Einrichtungen zusammenarbeiten möchte?
2. Welche B2C Basis-Segmentierungen wären sinnvoll zur Positionierung eines neuartigen Erfrischungsgetränks mit Stevia anstatt Zuckerzusatz?
3. Warum ist es sinnvoll die Marktsegmentierungsanalyse anhand der Reihenfolge Segmenting – Targeting – Positioning durchzuführen und nicht alles parallel von Statten gehen zu lassen?
4. Für welche Produkte eignet sich ein individuell ausgerichtetes Marketing Konzept?
5. Wie verändern sich die Segmentierungskategorien im B2C, wenn ein Unternehmen erfolgreich versuchen möchte, ein Produkt nicht nur national sondern auch international zu platzieren?

Lesen und Vertiefen

- Meffert, H. (2000). *Marketing. Grundlagen marktorientierter Unternehmensführung. Konzepte – Instrumente – Praxisbeispiele*, Wiesbaden.
- Kesting, T., Rennhak, C. (2008). *Marktsegmentierung in der deutschen Unternehmenspraxis*, Wiesbaden.

Marktforschung

Carsten Rennhak, Marc Oliver Opresnik

4.1 Aufgabe und Systematik der Marktforschung – 39

4.2 Marktforschungsprozess – 42

4.3 Gütekriterien der Marktforschung – 46

4.4 Auswahlverfahren in der Marktforschung – 47

4.5 Datenanalyse – 53
4.5.1 Uni- und bivariate Datenanalyse – 55
4.5.2 Multivariate Datenanalyse – 56

4.6 Lern-Kontrolle – 57

C. Rennhak, M. O. Opresnik, *Marketing: Grundlagen*, Studienwissen kompakt,
DOI 10.1007/978-3-662-45809-9_4, © Springer-Verlag Berlin Heidelberg 2016

Kapitel 4 · Marktforschung

Lern-Agenda

Im Rahmen der Marketingplanung müssen zahlreiche Entscheidungen getroffen werden. Unverzichtbare Grundlage für diese Entscheidungen bzgl. der Marketingziele, -strategien und -maßnahmen sind relevante Informationen über das gegenwärtige und zukünftige Marktgeschehen wodurch der Marktforschung eine große Bedeutung für den Erfolg der Marketingplanung zukommt. Dieses Kapitel hat die entsprechenden Lernziele zum Inhalt und möchte folgendes vermitteln:

- was Gegenstand der Marktforschung ist,
- welche wesentlichen Aufgabenbereiche der Marktforschung existieren,
- was die Phasen des Marktforschungsprozesses sind,
- wie sich Sekundär- und Primärforschung voneinander unterschieden,
- welche Gütekriterien der Messung unterschieden werden können,
- welche grundlegenden Methoden der Datenerhebung existieren,
- welche uni- und bivariate Analysemethoden angewandt werden können und
- welche Marktforschungsprobleme mit den jeweiligen Verfahren gelöst werden können.

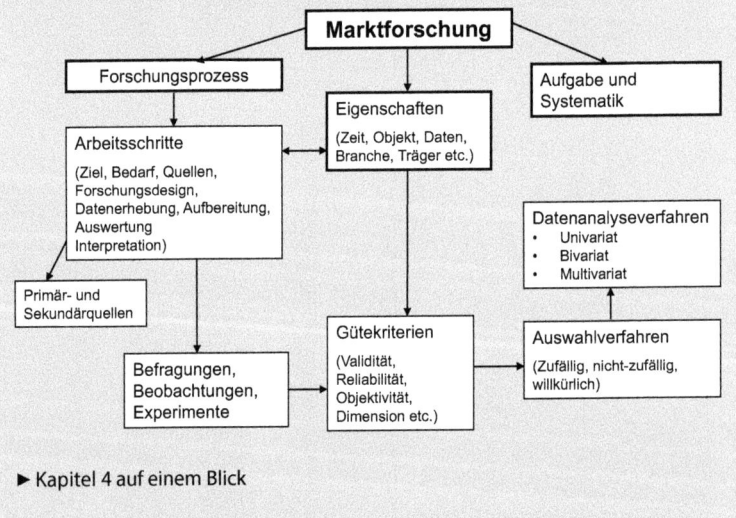

▶ Kapitel 4 auf einem Blick

Kundenorientierung zielt auf die integrierte Ausrichtung der Marketing-Instrumente zur Befriedigung von Kundenbedürfnissen und letztlich zur Abschöpfung von Zahlungsbereitschaften. Allerdings fehlt der Gestaltungskomponente in dieser Betrachtung – ohne die Einbeziehung der Marktforschung – die notwendige Erklärungskomponente. Exemplarisch anhand der Metapher eines Marketing-Cocktails ausgedrückt: Die Zutaten sind bekannt, nicht aber deren Mix-Verhältnis. Erst die Marktforschung liefert die verhaltenswissenschaftliche Fundierung, indem sie die Geschmacksnerven der Konsumenten analysiert und herausfindet, was der Zielgruppe schmeckt. Die Marktforschung stellt somit das Rezeptbuch für den Zutatenschrank bereit. Auch bei der Wettbewerbsorientierung ist sie unerlässlich: Ziel eines Anbieters muss es sein, einen schmackhafteren Cocktail als die Konkurrenz zu offerieren. Die Marktforschung unterstützt das Marketing bei der Etablierung eines komparativen Konkurrenzvorteils, indem sie Informationen über Konkurrenzangebote sammelt, analysiert und die Erfolgsfaktoren aus Kundensicht identifiziert. Darüber hinaus liefert die interne Ressourcenorientierung Einsichten in die Fähigkeiten der Unternehmung. Erst dann, wenn ein Anbieter auch die notwendigen Ressourcen zur Produktion des unter Kunden- und Wettbewerbsaspekten überlegenen Cocktails besitzt, sind die Voraussetzungen für Markterfolg geschaffen. Nur ein kreativer Barmixer ist dazu in der Lage, die richtige Balance zwischen der marktorientierten Outside-in-Perspektive (Market Pull) und der auf Kernkompetenzen ausgerichteten Inside-out-Perspektive (Technology Push) zu finden. Marktforschung ist somit sowohl für das Marketing als auch für andere Unternehmensbereiche insgesamt unerlässlich.

4.1 Aufgabe und Systematik der Marktforschung

Die Hauptaufgabe der Marktforschung besteht in der Unterstützung des Marketing (Nufer und Rennhak 2008). Diese Orientierung am Marketing spiegelt sich insbesondere im Begriff Marketingforschung wider, der die Analyse des Absatzmarktes sowie die Analyse der Marketingaktivitäten. Unter Marktforschung versteht man dagegen im engeren Sinn die systematische Erforschung der unternehmensbezogenen Märkte, wobei der Absatzmarktforschung eine wesentlich bedeutendere Rolle zukommt als der Beschaffungsmarktforschung. In der Praxis wird üblicherweise nicht zwischen diesen beiden Begriffen differenziert, vielmehr werden beide Sichtweisen zusammengefasst. Obwohl es dabei nahe läge, den Begriff Marktforschung durch den umfassenderen und aufgrund der darin zum Ausdruck gebrachten Marketingorientierung zutreffenderen Begriff Marketingforschung zu ersetzen, hat sich im wissenschaftlichen wie praxisorientierten Sprachgebrauch der Terminus Marktforschung als Oberbegriff durchgesetzt. Marktforschung kann somit im weiteren Sinn als der gesamthafte systematische Prozess der Gewinnung, Analyse und Interpretation von Informationen zur Lösung aktueller und zukünftiger marktbezogener Entscheidungsprobleme des Marketings charakterisiert werden.

In Theorie und Praxis weist die Marktforschung eine Vielzahl unterschiedlicher Dimensionen auf, zwischen denen es zudem Überschneidungen gibt. Die wichtigsten dahinter stehenden Klassifikationskriterien sind

- Zeitaspekt,
- Untersuchungsobjekt,
- Vorgehensweise bei Datenerhebung bzw. Datenanalyse,
- Funktionsbereich,
- Branche,
- Träger der Marktforschung,
- Häufigkeit der Erhebung,
- Räumliche Ausdehnung,
- Untersuchungsgegenstand.

Zeitaspekte spielen im Bereich der Marktforschung eine wesentliche Rolle. Eine Marktanalyse findet zu einem bestimmten Zeitpunkt statt. Im Rahmen einer Marktbeobachtung wird die Entwicklung einer Größe im Zeitablauf betrachtet. Darüber hinaus dient eine Marktdeskription als Grundlage für die Identifikation möglicher Probleme und die Beschreibung diesbezüglicher Entscheidungsfelder zur Unterstützung von Marketing-Entscheidungen. Aufgabe von Marktprognosen ist es, systematische Aussagen über mögliche zukünftige Entwicklungen zu geben und daraus Empfehlungen für Handlungsalternativen abzuleiten.

Marktforschung lässt sich nach dem Untersuchungsobjekt unterscheiden: Während sich die **ökoskopische Marktforschung** mit objektiven, produktbezogenen Marktgrößen wie Umsätzen, Preisen, Marktanteilen etc. befasst, bezieht sich die **demoskopische Marktforschung** auf die Erforschung der mit den Marktteilnehmern untrennbar verbundenen, personenbezogenen Tatbeständen wie Alter, Beruf, Einstellungen etc. Ebenfalls auf das Untersuchungsobjekt geht die Trennung der Konsumentenforschung von der Konkurrenzforschung zurück.

Marktforschung unterscheidet sich durch unterschiedliche Vorgehensweisen bei der Datenerhebung bzw. der Datenanalyse: **Quantitative Marktforschung** basiert in der Regel auf großzahligeren Stichproben und häufig standardisierten Erhebungstechniken, wodurch im Rahmen der Datenanalyse verstärkt mathematisch-statistische Analysemethoden eingesetzt werden können. Hier geht es in der Regel darum Konsumentenverhalten in Form von Modellen, Kausalzusammenhängen und zahlenmäßigen Analysen möglichst genau zu beschreiben und prognostizierbar zu machen. Dabei werden – oft aufbauend auf einer Befragung oder einer Beobachtung einer möglichst großen und repräsentativen Zufallsstichprobe mittels z. B. der schriftlichen Befragung mit Fragebogen oder dem quantitativen Interview – die zahlenmäßigen Ausprägungen eines oder mehrerer bestimmter Merkmale gemessen. Diese Messwerte werden dann miteinander oder mit anderen Variablen in Beziehung gesetzt. Auf Basis der resultierenden Ergebnisse kann dann oft auf die interessierenden Variablen oder Zusammenhänge in der Grundgesamtheit zurück geschlossen werden. Häufig dienen die Methoden der quantitativen Marktforschung auch dazu eine vorab spezifizierte Hypothese anhand des empirisch gewonnenen Datenmaterials zu überprüfen. Der

4.1 · Aufgabe und Systematik der Marktforschung

hauptsächliche Informationsgewinn bei den Methoden der quantitativen Marktforschung besteht in der Datenreduktion. Um identische Voraussetzungen für die Erzeugung der Messwerte innerhalb einer empirischen Studie sicher zu stellen, sind die quantitativen Erhebungsmethoden meist vollstandardisiert und strukturiert, d. h. z. B. bei einer Befragung bekommt jeder Befragte exakt die gleichen Voraussetzungen bei der Beantwortung der Fragen bzw. bei einer Beobachtung bekommt jeder Beobachter das gleiche Beobachtungsschema.

Im Vergleich zur quantitativen Marktforschung zeichnen sich die Methoden der **qualitativen Marktforschung** durch wesentlich größere Offenheit und Flexibilität aus. Bei der qualitativen Marktforschung werden die Daten meist mittels offener Fragen und freier Antworten erhoben, womit der Interpretation der so gewonnenen Erkenntnisse eine besondere Bedeutung zukommt. So ist z. B. die Befragung auf Basis qualitativer Tiefeninterviews oder im Rahmen von Gruppendiskussionen bzw. Fokusgruppen frei und explorativ; bei den Methoden der qualitativen Beobachtung, z. B. dem Shadowing, besteht der besonders interessante Aspekt gerade in der Subjektivität des Beobachteten und des Beobachters. Der qualitativen Befragung liegt in der Regel zumindest ein grober thematischer Leitfaden zugrunde, wobei auf voll- oder teilstandardisierte Vorgaben soweit wie möglich verzichtet wird, d. h. die Reihenfolge und Gestaltung der Fragen sind flexibel und die Antwortmöglichkeiten der Gesprächspartner nicht auf vorformulierte Antwortvorgaben beschränkt. Ein derartiges Vorgehen sichert im Allgemeinen ein hohes Maß an Inhaltsvalidität und gewährleistet einen tieferen Informationsgehalt der Ergebnisse. Diese Vorteile werden jedoch durch einen Verzicht auf Repräsentativität erkauft. Im Rahmen der qualitativen Marktforschung erfolgt die Stichprobenbildung praktisch ausnahmslos nach theoretischen Gesichtspunkten; sie erfolgt meist als typische Auswahl. Im Rahmen der explikativen Datenanalyse wird mit Hilfe von Anreicherung und Interpretation der Daten eine Erklärung des Konsumentenverhaltens angestrebt. Qualitative Methoden sind explorativ und hypothesengenerierend angelegt, die Theoriebildung erfolgt schrittweise und wird während der Untersuchung fortlaufend weiter entwickelt. Ziel der qualitativen Forschung ist es, ein wirklichkeitsgetreues Bild anhand der subjektiven Sicht der relevanten Interviewpartner abzubilden und so potenzielle Ursachen für deren Verhalten nachvollziehen und das Verhalten verstehen zu können.

Innerbetrieblich profitieren verschiedene Funktionsbereiche von der Unterstützung durch die Marktforschung. Auf dieser Einteilung basierend lassen sich beispielsweise Marktforschungsgebiete wie die Absatzmarktforschung, die Beschaffungsmarktforschung, die Finanzmarktforschung, die Personalmarktforschung usw. voneinander abgrenzen. Je nachdem, welche Marktteilnehmer Untersuchungsgegenstand sind, können neben der Absatzmarktforschung, Beschaffungsmarktforschung, etc. auch Konkurrenzmarktforschung und die so genannte interne Marktforschung unterschieden werden. Die interne Marktforschung bezieht sich auf Personen und Abläufe innerhalb von Betrieben und ist vor allem für Einzelhändler wichtig (Schenk 2007).

Unterschieden werden können bzgl. der verschiedenen Branchen, die Gegenstand der Marktforschung sind die Konsumgütermarktforschung, die Investitionsgütermarktforschung, die Handelsmarktforschung sowie die Dienstleistungsmarktforschung. Nach der Art der auf den betreffenden Märkten gehandelten Güter gelangt man ferner beispielsweise zur Automobilmarktforschung, Pharmamarktforschung usw.

Marktforschung kann von unterschiedlichen Trägern exekutiert werden: Im Rahmen der **innerbetrieblichen Marktforschung** wird die Marktforschungstätigkeit im Unternehmen selbst wahrgenommen (Eigenforschung). Bei der **außerbetrieblichen Marktforschung** übernehmen spezialisierte Marktforschungsinstitute die Durchführung der Studien (Fremdforschung). Marktforschungsstudien unterscheiden sich ganz wesentlich danach, wie häufig sie durchgeführt werden. Insbesondere Marktforschungsinstitute trennen die Ad-hoc-Forschung (einmalige Erhebung) vom Tracking (mehrmalige Erhebungen, Panel-Marktforschung). Bzgl. der räumliche Ausdehnung der Marktforschungsaktivitäten kann in der Praxis häufig eine Differenzierung in Inlands- (bzw. nationale) und Auslands- (bzw. internationale) Marktforschung angetroffen werden. Schließlich lässt sich die Marktforschung gemäß dem Gegenstand der Untersuchung konkretisieren (z. B. Imageforschung, Meinungsforschung usw.).

4.2 Marktforschungsprozess

Grundsätzlich kann die Marktforschungstätigkeit als ein Ablauf aufeinander folgender idealtypischer Phasen verstanden werden, zwischen denen Rückkopplungen bestehen – die jedoch keineswegs immer in einer starren Reihenfolge zu durchlaufen sind (vgl. ◘ Tab. 4.1).

Ausgangspunkt des Marktforschungsprozesses ist die Formulierung des Forschungsproblems und darauf aufbauend die Ableitung des eigentlichen Forschungsziels. Marktforschung ist immer theoriegeleitet, d. h. entweder soll die Marktforschung vermutete Zusammenhänge überprüfen oder explorativ neue Zusammenhänge aufdecken. Dies setzt umfangreiche Kommunikation zwischen Marketing-Manager und Marktforscher voraus: Der Marketing-Manager muss die vorliegende Problemsituation verdeutlichen, so dass der Marktforscher den Informationsbedarf abschätzen kann. Dabei ist auch die Zeit-, Organisations- und Finanzplanung vorzunehmen. Es ist u. a. zu klären, zu welchem Zeitpunkt die Marktforschungsergebnisse vorliegen sollen, wer die Marktforschungsaktivitäten durchführen soll und welcher Budgetrahmen für die Studie zur Verfügung steht.

Im nächsten Schritt sind die Informationsquellen zu bestimmen, d. h. es ist zu identifizieren, wer die Merkmalsträger und damit die Untersuchungsobjekte sind. Darauf aufbauend erfolgt die Bestimmung des Marktforschungsdesigns. In diesem Schritt wird die Erhebungsmethode bzw. das Auswahlverfahren festgelegt. Es stellt sich dabei zunächst die Frage, ob auf Sekundärdaten zurückgegriffen werden kann

4.2 · Marktforschungsprozess

Tab. 4.1 Marktforschungsprozess. (Becker 2012)

Arbeitsschritt	Inhalt
Präzisierung des Untersuchungsziels und des Informationsbedarfs	– Formulierung der Zielsetzung – Ableitung der Aufgabenstellung(en) (Marktsegmentierung, Aufdecken von Marktlücken usw.)
Bestimmung der Informationsquellen	– Wer oder was muss befragt/beobachtet werden? – Abgrenzung der Untersuchungsobjekte
Bestimmung des Marktforschungsdesigns	– Erhebungsmethoden und Auswahlverfahren – Primär- oder Sekundärerhebung – Vollerhebung oder Teilerhebung (Stichprobenauswahl!)
Gestaltung des Erhebungsrahmens	– Fragebogen / Beobachtungsplan / experimentelles Design entwerfen
Datenerhebung	– ggf. Interviewer schulen/briefen – Feldarbeit durchführen
Aufbereitung und Auswertung der Daten	– Datencodierung und Dateneingabe in DV-Systemen (falls nicht CATI/CAPI) – Univariate Datenanalyse (Screening, Plausibilitätsprüfung, erster Einblick in die Merkmalsstruktur) – Multivariate Datenanalyse (nicht „statistics all", sondern Verfahrenseinsatz nach Aufgabenstellung und Zielsetzung)
Interpretation der Ergebnisse	– z. B. plakative Benennung von Marktsegmenten (vgl. „Yuppies") – Erklärung der Dimensionen in Schaubildern usw. – Zusammenfassung signifikanter Einflussgrößen usw.

oder ob **Primärforschung** betrieben werden soll, was unter einer einzelfallspezifischen Abwägung von Vor- und Nachteilen zu entscheiden ist. Die **Sekundärforschung** gewinnt ihre Erkenntnisse aus bereits erhobenen Daten. Die Quellen sind hierbei mannigfaltig. Unternehmensinterne Quellen für die sekundäre Marktforschung können sein:

- Umsatz- und Verkaufsstatistiken,
- Schriftwechsel mit Kunden, Kundenbeschwerden, Kundenanrufe im Callcenter,
- Berichte von Außendienstmitarbeitern,
- Reparaturlisten,
- Lagerbestandsmeldungen,
- Preislisten.

Unternehmensexterne für die sekundäre Marktforschung können sein:
- Angaben der statistischen Ämter, statistische Jahrbücher,
- Online-Datenbanken,
- Berichte der Industrie- und Handelskammern sowie Handwerkskammern,
- Geschäftsberichte anderer Unternehmen,
- Berichte von Unternehmensberatungen oder Investmentbanken,
- Prospekte, Kataloge von Mitbewerbern,
- Veröffentlichungen wissenschaftlicher Institute usw.

Die **Primärforschung** gewinnt ihre Erkenntnisse aus der erstmaligen und direkten Untersuchung von Marktteilnehmern im Feld, d. h. es wird originär neues Datenmaterial generiert. Sie bedient sich dabei vor allem der Methoden der empirischen Sozialforschung (Albers et al. 2007). Hierbei ist zunächst die Grundgesamtheit aller relevanten Merkmalsträger zu identifizieren und die erhebungsrelevanten Merkmale zu bestimmen. Zudem wird im Fall der Primärforschung in der Regel zunächst eine umfassende Analyse des Sekundärmaterials vorgenommen, um sicherzustellen, dass die entsprechenden bereits vorliegenden Erkenntnisse über Sachproblem und/oder problemadäquates Vorgehen in die Primäranalyse eingehen. Dann wird entschieden, ob eine Voll- oder Teilerhebung durchgeführt werden soll. Sprechen sachliche Erwägungen wie Wirtschaftlichkeitsüberlegungen oder Durchführbarkeitsgesichtspunkte für eine Teilerhebung so sind ein geeignetes Auswahlverfahren festzulegen und der Stichprobenumfang zu bestimmen.

Ein ganz entscheidender Schritt für die spätere Qualität der Marktforschungsergebnisse ist die adäquate Gestaltung des Erhebungsrahmens. Werden neue Daten über eine Primärforschung erhoben, so kann die Datenerhebung als Befragung, Beobachtung oder Experiment sowie in der Spezialform eines Panels durchgeführt werden:

- **Befragungen** sind das am häufigsten angewandte Erhebungsinstrument. Probanden geben hier unmittelbar selbst Auskunft über die interessierenden Sachverhalte. Die unterschiedlichen Arten der Befragung lassen sich differenzieren nach der Art der Kommunikation (schriftlich, mündlich, telefonisch, online), dem Grad der Standardisierung (freies Interview vs. standardisierter Fragenkatalog), der Zahl der gleichzeitig befragten Personen (Einzelinterview vs. Gruppeninterview), der Häufigkeit der Befragung (einmalig vs. mehrmalig) und dem Gegenstand der Befragung (Einthemenbefragung vs. Mehrthemenbefragung/Omnibusbefragung).
- **Beobachtung** ist die zielgerichtete Erfassung von sinnlich wahrnehmbaren Sachverhalten im Augenblick ihres Auftretens durch Personen und/oder technische Hilfsmittel. Gegenstände der Beobachtung in der Marktforschung sind Bestände (z. B. Absatzmengen), Verhaltensweisen (z. B. Kauf oder Nichtkauf) und Eigenschaften (z. B. äußerlich wahrnehmbare Eigenschaften von Konsumenten).

4.2 · Marktforschungsprozess

- Mittels **Experimenten** werden vermutete Ursache-Wirkungs-Zusammenhänge unter kontrollierten Bedingungen überprüft. Das Wesen eines Marktforschungsexperiments besteht darin, dass eine unabhängige Variable (z. B. der Preis) verändert und die Auswirkung dieser Veränderung auf eine abhängige Variable (z. B. die Absatzmenge) gemessen wird. Tests sind Anwendungen von Experimenten im Rahmen der Marktforschung (z. B. Storetests, Werbewirkungstests).

Bei der Festlegung der Erhebungsmethode sind u. a. der Umfang der Datenerhebung, die erwartete Antwortquote, die geographische Repräsentation, die Gefahr von Missverständnissen, der Interviewereinfluss, und nicht zuletzt die bei der jeweiligen Erhebungsmethode anfallenden Kosten zu berücksichtigen. Bei der Gestaltung des Erhebungsrahmens kommt der Entwicklung von Fragebogen, Beobachtungsplan bzw. experimentellem Design allergrößte Bedeutung zu. Um diese Vorarbeiten korrekt durchzuführen, sind Untersuchungsziele und die zugrundeliegende Theorien bzw. Forschungshypothesen geeignet im Erhebungsinstrument umzusetzen. Theorien beschreiben allgemein Zusammenhänge zwischen theoretischen Begriffen oder Konstrukten. Diese theoretischen Begriffe oder Konstrukte sind nicht direkt beobachtbar (Schnell et al. 1999) und müssen deshalb für eine Messung zunächst operationalisiert werden. Die Operationalisierung eines Begriffs oder Konstrukts besteht in der Angabe einer Anweisung, wie Objekten mit Eigenschaften, die der theoretische Begriff bzw. das Konstrukt bezeichnet, beobachtbare Sachverhalte zugeordnet werden können. Bei der Entwicklung von Messkriterien sind die Gütekriterien der Marktforschung, denen jedes Messverfahren idealerweise genügen sollte, zu berücksichtigen (Lienert 1969). Vor der Durchführung der Feldarbeit empfehlen sich Pretests des jeweiligen Erhebungsinstruments, also z. B. des Fragebogens, des Beobachtungsplan bzw. experimentellen Designs, um vor der Datenerhebung im Feld bereits potenzielle Fehlerquellen erkennen und problemadäquat beseitigen zu können.

Im nächsten Schritt kann die operative Datenerhebung im Feld erfolgen. Für die Beschaffung von Primärinformationen steht ein breites Methodenspektrum zur Verfügung. Allgemein wird dabei zunächst zwischen den eher qualitativen und den eher quantitativen Methoden unterschieden. Zu den qualitativen Marktforschungsmethoden gehören vor allem (un- oder wenig strukturierte – meist explorative) Tiefen- bzw. (stärker strukturierte) Leitfadeninterviews sowie (moderierte) Gruppendiskussionen bzw. Fokusgruppen. Hierbei werden in der Regel relativ kleine Fallzahlen erzielt. Die Auswertung erfolgt auf Basis von Mitschriften oder audiovisueller Aufzeichnungen. In der quantitativen Marktforschung werden größere Stichproben mittels standardisierter Fragebögen bzw. Designs untersucht. Die Ergebnisse können dann quantitativ-statistisch ausgewertet werden.

Ist die Datensammlung abgeschlossen, erfolgt die Auswertung der Daten einschließlich der Interpretation der Ergebnisse. Für die Datenanalyse steht eine Vielzahl von uni-, bi- und multivariaten Analysemethoden in Abhängigkeit vom Messniveau der erhobenen Daten zur Verfügung. Zur Durchführung komplexer Analysen kann auf statistische Spezialsoftware zurückgegriffen werden.

Im Regelfall erfolgt eine Präsentation der Ergebnisse durch den Marktforscher gegenüber denjenigen Managern, die die Studie in Auftrag gegeben haben. Die Forschungsergebnisse werden z. B. anhand von Tabellen oder Grafiken anschaulich aufbereitet. Abschließend ist eine schriftliche Dokumentation vorzunehmen. Vom Marktforscher werden darüber hinaus zunehmend zusätzliche Beratungsleistungen im Sinne von Handlungsempfehlungen auf Basis der gewonnenen Erkenntnisse erwartet.

4.3 Gütekriterien der Marktforschung

Ziel eines Messvorgangs ist die Erhebung möglichst exakter und fehlerfreier Messwerte (Rennhak 2001). Diese Zielsetzung wird bei kaum einem Messvorgang vollständig erreicht, da die tatsächlich festgestellten Messwerte meist nicht nur die tatsächliche Ausprägung eines Merkmals wiedergeben, sondern zusätzlich Messfehler enthalten. Aus den Axiomen der klassischen Testtheorie lassen sich nicht nur eine Reihe von Aussagen zur Messgenauigkeit ableiten (Kranz 1979), sie gestatten zudem die Definition von Gütekriterien für Messungen. In erster Linie sind hier Validität, Reliabilität und Objektivität zu nennen.

Unter **Validität** eines Messinstruments versteht man das Ausmaß, „in dem das Messinstrument tatsächlich das misst, was es messen sollte" (Schnell et al. 1999) bzw. „in dem ein Indikator das Konstrukt misst, für das er entwickelt wurde" (Zaltman et al. 1973). Die Messdaten müssen demnach frei von systematischen Messfehlern sein (Gierl 1995) und unverzerrt den tatsächlich zu messenden Sachverhalt wiedergeben (Green und Tull 1982).

Mit der **Reliabilität oder Zuverlässigkeit** wird die formale Genauigkeit der Merkmalserfassung angesprochen. Sie ist eine notwendige, aber nicht hinreichende Bedingung für Validität (Churchill 1979). Ein Messinstrument ist unter der Voraussetzung konstanter Messbedingungen dann reliabel, wenn die Messwerte präzise und stabil, d. h. bei wiederholter Messung derselben Eigenschaften an denselben Merkmalsträgern reproduzierbar sind.

Die **Objektivität** eines Testverfahrens ist dann gewährleistet, wenn die gewonnenen Messwerte unabhängig von der Person des Forschers zustande kommen (Nieschlag 1997).

4.4 Auswahlverfahren in der Marktforschung

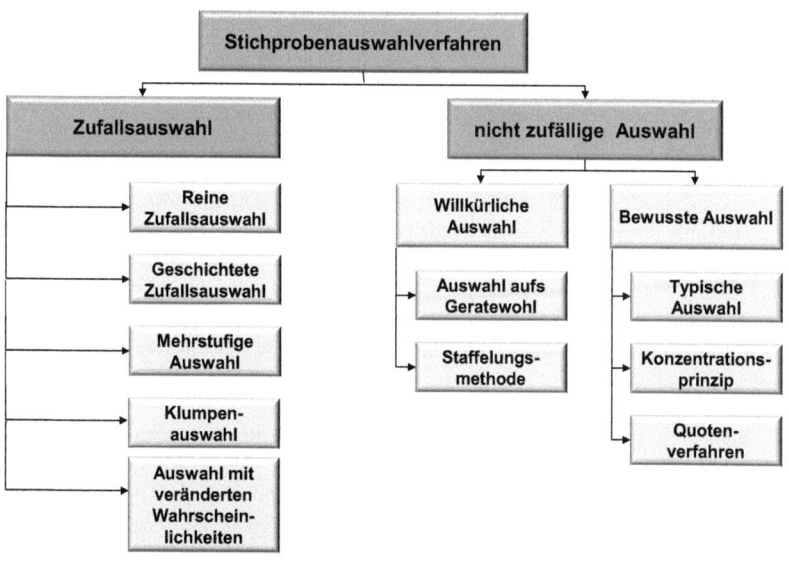

◘ Abb. 4.1 Stichprobenauswahlverfahren. (Schwaiger 1993)

4.4 Auswahlverfahren in der Marktforschung

In der Primärforschung ist es nur in Ausnahmefällen möglich, eine Vollerhebung bei allen Merkmalsträgern durchzuführen, um die interessierenden Untersuchungsmerkmale zu erheben. Aus diesem Grunde kommt der Teilerhebung besondere Bedeutung zu. Wie die Bezeichnung bereits andeutet, gelangt hier nur ein Teil der Merkmalsträger in den Pool, bei dem die interessierenden Untersuchungsmerkmale erhoben werden, die so genannte Stichprobe. Die Auswahl der betreffenden Merkmalsträger geschieht mittels der verschiedenen Verfahren der Stichprobenauswahl.

In der Literatur findet sich eine ganze Reihe von Vorschlägen zur Systematisierung der einzelnen Verfahren zur Stichprobenauswahl.[1] So unterscheiden z. B. Böhler (1992, S. 130) und Hammann und Erichson (2004, S. 109) nach den Kategorien „Zufallsauswahl" und „Nichtzufällige Auswahl", fassen also die willkürliche Auswahl in einer Kategorie mit der bewussten Auswahl zusammen, während z. B. Schnell et al. (1999, S. 252) und Schwaiger (1993, S. 45) die Kategorie „Nichtzufällige Auswahl" noch nach

---

[1] Stichprobenauswahlverfahren geben an, welche Untersuchungsobjekte bzw. Merkmalsträger aus der Grundgesamtheit in die Stichprobe gelangen; in sogenannten Stichprobenplänen wird zusätzlich zur Auswahl festgelegt, welche Merkmale erhoben und welche Auswertungsverfahren angewandt werden.

eben diesen Verfahrensklassen unterscheiden. Diese differenziertere Darstellung (vgl.
◘ Abb. 4.1) soll die Grundlage für die nachfolgenden Ausführungen bilden.

Zunächst sollen die Verfahren der Zufallsauswahl beschrieben werden. Diesen ist gemeinsam, dass jedes Element der Grundgesamtheit eine berechenbare und von Null verschiedene Wahrscheinlichkeit hat, in die Stichprobe aufgenommen zu werden.

Bei der **reinen Zufallsauswahl** liegt zusätzlich der Sonderfall vor, dass diese Wahrscheinlichkeit für jedes Element der Grundgesamtheit gleich hoch ist.[2] Die Stichprobenelemente werden bei der reinen Zufallsauswahl unmittelbar aus der Grundgesamtheit gezogen (Koch 1997). In der praktischen Umsetzung geschieht dies in der Regel mit Lotterieauswahl, Schlussziffernverfahren oder Zufallszahlentabellen.[3]

Dadurch ergibt sich die Anforderung, dass die Grundgesamtheit mit all ihren Elementen vollständig vorliegen muss.[4] Diese Voraussetzung ist aber bei sehr großen Grundgesamtheiten in der Regel praktisch kaum erfüllbar. Weiterhin wäre es äußerst aufwendig[5], eine vollständige Auflistung vorzunehmen.[6]

Die Durchführbarkeit der reinen Zufallsauswahl scheitert also zumeist am hohen Aufwand (Pepels 1998).

Bei der **geschichteten Zufallsauswahl** wird die Grundgesamtheit in verschiedene Schichten eingeteilt, die alle in die Stichprobenziehung eingehen.[7] Aus jeder Schicht werden per Zufallsauswahl diejenigen Elemente bestimmt, die in die Erhebung ein-

---

2 Green und Tull (1982, S. 199) merken hierbei jedoch an, dass es bisweilen gar nicht erwünscht ist, dass jedes Element die gleiche Wahrscheinlichkeit hat, in die Stichprobe zu gelangen. Es sei oft unmöglich, interessante Untergruppen einer statistischen Auswertung zu unterziehen, da sie oftmals nur einen geringen Anteil an der Grundgesamtheit haben und so entsprechend die Zahl der berücksichtigten Fälle zu klein ist (vgl. Stier 1999, S. 133).

3 Auf eine Detaillierung dieser Vorgehensweisen soll hier verzichtet werden. Der interessierte Leser sei auf die Literatur zu diesem Themenkomplex (z. B. Koch 1997, S. 31) verwiesen. Für eine Diskussion der Vor- und Nachteile der einzelnen Ziehungstechniken vgl. Nieschlag et al. (1997, S. 729). Hüttner und Schwarting (2002, S. 129) führen kritisch an, dass diese Vorgehensweisen zur Umsetzung der reinen Zufallsauswahl immer eine Einschränkung des Zufalls darstellen.

4 Vgl. Schwaiger (1993, S. 36). Koch (1997, S. 33) führt als weitere Voraussetzung an, dass die Grundgesamtheit vollständig durchmischt sein muss.

5 Laut Green und Tull (1982, S. 198) ist es oft problematisch, eine Auswahlgrundlage zu beschaffen, die eine Zufallsauswahl gestattet.

6 Böhler (1992, S. 148) merkt an, dass durch die hohe Varianz der Merkmale in der Grundgesamtheit auch die Stichprobenvarianz erhöht wird. Entgegenwirkend sei ein größerer Stichprobenumfang, der aber wiederum höhere Kosten verursacht. Ein weiterer Nachteil ist laut Fleischer (1999, S. 307) darin zu sehen, dass sehr einseitige Stichproben nicht auszuschließen sind.

7 Hierbei kann man mit der proportionalen und der disproportionalen Schichtung zwei Arten der Schichtung unterscheiden. Die optimale Schichtung stellt einen Sonderfall der disproportionalen Schichtung dar. Zur näheren Erläuterung sei auf die einschlägige Literatur verwiesen (vgl. z. B. Berekoven et al. 2009). Für eine Diskussion der mit diesem Vorgehen verbundenen Probleme vgl. auch Cochran (1977) und Deming (1960).

4.4 · Auswahlverfahren in der Marktforschung

gehen.[8] Allerdings ist dieses Verfahren nur anwendbar, wenn die zur Schichtung notwendigen Merkmalsdimensionen bekannt und die einzelnen Schichten homogen sind.[9]

Das zugrundeliegende Prinzip der **mehrstufigen Auswahl** ist die Kombination mehrerer hintereinandergeschalteter Zufallsauswahlen. Auf jeder Stufe wird dabei eine neue Auswahleinheit gebildet, aus der wieder eine Zufallsstichprobe gezogen wird. Bei diesem Verfahren wird gewöhnlich danach unterschieden, wie viele Stufen zur Stichprobenziehung verwendet werden.[10] Am häufigsten kommen hierbei die zweistufigen Verfahren zum Einsatz.

Die Klumpenauswahl stellt einen Sonderfall der zweistufigen Auswahl dar, bei dem der Auswahlsatz auf der zweiten Stufe 100 % beträgt.[11] Somit lässt sich hier das Problem der vollständig vorliegenden Grundgesamtheit umgehen, auch wenn über die Klumpen entsprechende Informationen nötig sind (Böhler 1992). Zusätzlich ist das Verfahren wirtschaftlicher und in der Praxis einfacher umzusetzen als die reine Zufallsauswahl. Allerdings setzt das Verfahren voraus, dass sich die Grundgesamtheit in Klumpen zerteilen lässt, die in sich möglichst genauso heterogen sein sollen wie die Grundgesamtheit.

Die **Auswahl mit veränderlichen Wahrscheinlichkeiten** stellt einen Sonderfall der mehrstufigen Verfahren dar, der die Wirksamkeit der reinen Zufallsauswahl auf den einzelnen Stufen erhöhen soll. Größere Untersuchungseinheiten erhalten dabei auch eine größere Auswahlwahrscheinlichkeit.[12]

---

8 Durch diesen Schichtungsvorgang wird eine geringere Streuung des Zufallsfehlers erreicht als dies bei der reinen Zufallsauswahl der Fall ist.

9 Vgl. Fleischer (1999, S. 307). Außerdem ist zu klären, wie viele Schichten zu bilden sind, nach welchen Kriterien dies zu geschehen hat und wie die Gesamtstichprobe auf die einzelnen Schichten aufzuteilen ist (vgl. Stier 1999, S. 137).

10 Im Rahmen des vorliegenden Lehrbuchs erscheint es sinnvoll, nur das Klumpenverfahren als den am häufigsten verwendeten Vertreter der mehrstufigen Auswahl kurz zu erläutern. Eine Detaillierung anderer mehrstufiger Verfahren findet sich z. B. bei Koch (1997, S. 38) und Schwaiger (1993, S. 42). Eine traditionelle Auswahltechnik innerhalb der mehrstufigen Verfahren stellt das sogenannte Random-Route-Verfahren dar. Der interessierte Leser sei hier auf Berekoven et al. (2009), Hüttner und Schwarting (2002, S. 135) und Schnell et al. (1999, S. 266) verwiesen.

11 Vgl. Schwaiger (1993, S. 42). Dieses Verfahren teilt die Grundgesamtheit in Klumpen, d. h. in disjunkte Elementeinheiten ein. Daraus werden per Zufallsprinzip Klumpen gezogen, die mit allen beinhalteten Elementen in die Stichprobe eingehen.

12 Vgl. hierzu Hüttner und Schwarting (2002, S. 129); Schwaiger (1993, S. 43). Die Auswahl mit veränderlichen Wahrscheinlichkeiten ist insbesondere deshalb interessant, weil sie Optionen auf sehr kleine Varianzen eröffnet. Eine Anwendung in der Praxis ist aber schwierig, zumal wie schon bei der reinen Zufallsauswahl eine Auflistung aller Einheiten der Grundgesamtheit vorliegen muss (vgl. Fleischer 1999, S. 309).

Die **mehrphasige Stichprobenauswahl** unterscheidet sich von den mehrstufigen Verfahren dahingehend, dass hier die Auswahlbasis in jeder Phase dieselbe ist.[13] Hammann und Erichson (2004, S. 122) sprechen bei diesem Verfahren auch von sequentieller Auswahl.[14] Eine wichtige praktische Anwendung der mehrphasigen Stichprobe ist der Mikrozensus der amtlichen Statistik.[15]

Als entscheidender Vorteil aller Verfahren der Zufallsauswahl gilt die Tatsache, dass sich der Zufallsfehler berechnen lässt und somit auch der Einsatz statistischer Prüfverfahren möglich ist. Allerdings bedeutet die Berechenbarkeit des Zufallsfehlers nicht automatisch, dass damit die Verfahren der Zufallsauswahl genauer oder zwangsläufig repräsentativ sind.[16]

Aufgewogen werden diese Vorteile aber durch den hohen Aufwand in der praktischen Umsetzung dieser Verfahren. Außerdem ist es nicht möglich, Ausfälle von Untersuchungsobjekten, z. B. ein nicht erreichtes Untersuchungsobjekt oder einen Antwortverweigerer, durch andere, neue Merkmalsträger zu ersetzen.[17] Die Ausfälle, die sich in der Praxis nicht vermeiden lassen, führen entsprechend zu Verzerrungen der Ergebnisse (Berekoven et al. 2009). Hüttner und Schwarting (2002, S. 134) betonen, dass dies das entscheidende Manko dieser Klasse von Auswahlverfahren ist. Bausch (1990, S. 65) bemerkt kritisch, ob eine Fehlerrechnung bei einer zufälligen Stichprobe mit einer Rücklaufquote von 50 bis 70 % nicht ebenso als „unseriös" einzustufen sei wie eine „Pseudoqualitätsangabe" bei einer bewussten Stichprobe.[18] Der systematische Fehler sei in beiden Fällen nicht feststellbar.[19]

---

13 Man spricht von mehrphasiger Auswahl beispielsweise bei Durchführung von Vorstichproben oder bei der Ziehung mehrerer Unterstichproben aus einer vorhandenen Stichprobe.

14 Nähere Erläuterungen finden sich z. B. bei Cochran (1977, S. 380 ff.).

15 Vgl. Stier (1999, S. 150). Nähere Erläuterungen zum Mikrozensus finden sich in der einschlägigen Literatur (z. B. Schnell et al. 1999, S. 275 f.; Stier 1999, S. 150).

16 Vgl. Hammann und Erichson (2004, S. 113). Weiterhin kann angeführt werden, dass mit Ausnahme der geschichteten Auswahl die Kenntnis der Verteilung der relevanten Merkmale nicht nötig ist (vgl. Koch 1997, S. 39).

17 Fällt ein Untersuchungsobjekt aus, wird die Berechnung des Zufallsfehlers ungenauer, wenn nicht sogar unmöglich (vgl. Pepels 1998, S. 48).

18 Dies erscheint vor allem bedenklich, wenn man die bei Erhebungen stetig sinkenden Rücklaufquoten (vgl. dazu Baim 1991, S. 116) berücksichtigt. Dieser Vorwurf trifft jedoch in gleichem Maße auf Verfahren bewusster Stichprobenauswahl zu, wenn Stichprobenausfall und Erhebungsmerkmale nicht unabhängig sind.

19 Ein weiterer Kritikpunkt, der sich gegen die Verfahren der Zufallsauswahl ins Felde führen lässt, ist der Verlust der Befragungsanonymität. Da vorab z. B. die zu befragenden Personen ausgewählt werden, müssen z. B. deren Adressen bekannt sein. Damit entsteht ein Verlust der Anonymität, den man bei den Verfahren der bewussten Auswahl vermeiden kann.

4.4 · Auswahlverfahren in der Marktforschung

Letztendlich sichert auch ein Verfahren der Zufallsauswahl nur dann ein repräsentatives Ergebnis, wenn das Verfahren korrekt angewandt wird (Green und Tull 1982). Problematisch ist die praktische Umsetzung der strengen Zufälligkeit (Nieschlag 1997).

Um die Qualität der Stichprobe ist es bei den **Verfahren der willkürlichen Auswahl** allerdings noch schlechter bestellt. In dieser Verfahrensklasse lassen sich im Wesentlichen zwei Verfahren unterscheiden:

- Die **Auswahl aufs Geratewohl** ist dadurch gekennzeichnet, dass keine Kontrolle des Auswahlmechanismus vorgegeben ist und dass ihr kein expliziter Auswahlplan zugrunde liegt.[20] Somit ist ein Einsatz dieses Verfahrens als fragwürdig einzustufen (Hammann und Erichson 2004).
- Die **Staffelungsmethode**, die alle Einheiten nach einem bestimmten Merkmal ordnet und anschließend nur den Median untersucht, scheint ebenfalls nicht geeignet, zumal sie das Streuungsverhalten in der Stichprobe ignoriert (Schwaiger 1993).

Die **Verfahren der bewussten Auswahl** beruhen auf definierten Regeln, nach denen die Stichprobe konstruiert wird (Koch 1997). Sie erfolgen somit nach einem Auswahlplan. Die dem Plan zugrundeliegenden Kriterien sind dabei angebbar und überprüfbar (Schnell et al. 1999). Obwohl bei diesen Verfahren kein Zufallsmechanismus wirkt, wird auch hier häufig Repräsentativität konstatiert.[21]

Bei der **typischen Auswahl** werden nur diejenigen Elemente aus der Grundgesamtheit ausgewählt, die für den gegebenen Sachverhalt als „typisch" angesehen werden. Hier liegt aber das Problem der Repräsentativität: Der Untersuchungsleiter hat die „typischen Vertreter" bzw. das Kriterium des „Typischen" festzulegen. Da die Merkmalsverteilung aber erst nach erfolgter Untersuchung feststeht, ist dies mit enormen theoretischen und praktischen Problemen verbunden.[22]

Ähnlich verhält es sich mit dem Verfahren nach dem **Konzentrationsprinzip**. Hier werden nur solche Elemente in die Erhebung mit aufgenommen, die für den jewei-

---

[20] Es werden lediglich diejenigen Erhebungseinheiten der Grundgesamtheit gewählt, die leicht zu erreichen sind bzw. die sich zum Zeitpunkt der Erhebung am Erhebungsort befinden.

[21] Diese stellt sich allerdings nur ein, wenn die Merkmale, nach denen die bewusste Auswahl vorgenommen wird, auch die für den Untersuchungszweck relevanten sind. Die Forderung nach Repräsentativität ist nur dann erfüllt, wenn die Verteilung der relevanten Merkmale in der Stichprobe mit der in der Grundgesamtheit übereinstimmt (vgl. Corsten und Reiß 1996, S. 855). Dies lässt sich in der Praxis allerdings kaum überprüfen (vgl. Grünewald 1998, S. 22).

[22] Nach Berekoven et al. (2009) kann dieses Verfahren deshalb nicht als ein methodisch gesichertes, den Repräsentationsschluss ermöglichendes Verfahren angesehen werden.

ligen Sachverhalt bzw. den Untersuchungsgegenstand besonders wichtig sind. Nach Schwaiger (1993, S. 35) stellt es somit eine Erweiterung der typischen Auswahl dar.[23]

Das **Quotenverfahren** ist das in der Marktforschungspraxis am häufigsten verwendete Verfahren.[24] Diesem Verfahren liegt nach Meyer (1996, S. 37) der so genannte Abbildungsgedanke zugrunde: Die Auswahl der Merkmalsträger erfolgt nach Vorgabe der Verteilung gewisser Merkmale in der Grundgesamtheit.[25] Sie sollten leicht erkenn- und erfragbar sein und möglichst hoch mit den Erhebungsmerkmalen korrelieren (Stier 1999). Als typischerweise verwendete Quotenmerkmale werden in der Literatur hauptsächlich Geschlecht, Alter, Beruf (Green und Tull 1982) oder auch Familienstand, Konfession und Wohnort (Stier 1999) genannt.[26] In der Praxis beschränkt man sich dabei auf wenige, relevante Dimensionen, um die Komplexität in handhabbarem Umfang zu halten. In der Grundgesamtheit bekannte Strukturen werden somit in der Stichprobe derart berücksichtigt, dass bzgl. dieser Merkmale Grundgesamtheit und Stichprobe strukturidentisch sind. Kritisch ist dabei, dass sich diese Strukturidentität auf die für den Untersuchungsgegenstand sachrelevanten Merkmale bezieht (Pepels 1999).

Die praktische Umsetzung des Quotenverfahrens erfolgt in der Regel anhand von Quotenplänen bzw. Quotenvorgaben.[27] Auf diesen Quotenplänen sind die Anzahl der Untersuchungsobjekte, die Quotenmerkmale und die Quoten pro Merkmal angegeben (Böhler 1992). Innerhalb dieser Quotenpläne wählt der Untersuchungsleiter die Untersuchungsobjekte frei aus.[28] Bei korrekter Durchführung entsteht so insgesamt eine Stichprobe, die in allen herangezogenen Quotenmerkmalen der Zusammensetzung der Grundgesamtheit entspricht (Berekoven et al. 2009).

Der am häufigsten genannte Kritikpunkt am Quotenverfahren ist die Tatsache, dass – wie bei allen Verfahren der bewussten Auswahl – eine statistische Fehlerbe-

---

[23] Das Konzentrationsverfahren wird vor allem in der Investitionsgütermarktforschung verwendet (vgl. Koch 1997, S. 42), da hier die Voraussetzung am ehesten gegeben ist, dass wenige Elemente der Grundgesamtheit eine herausragende Bedeutung für den Sachverhalt haben.

[24] Vgl. Rothman und Mitchell (1989, S. 457); Schwaiger (1993, S. 35). Laut Taylor (1995, S. 212, 218) gilt dies zumindest für Europa.

[25] Diese werden als Quotenmerkmale bezeichnet.

[26] Von diesen soziodemografischen Merkmalen wird häufig vermutet, dass sie für den Untersuchungsgegenstand eine wichtige Rolle spielen (vgl. Berekoven et al. 2009; Koch 1997, S. 40).

[27] Vgl. Böhler (1992, S. 131). Bei der Erstellung der Quotenpläne kann zwischen einfachen Quotenverfahren, die nur unabhängige Quoten verwenden, und kombinierten Quotenverfahren unterschieden werden (vgl. Schnell et al. 1999, S. 281).

[28] Vgl. Schnell et al. (1999, S. 208 f.). Dabei ist es innerhalb der vorgegebenen Quotierung unerheblich, welches Objekt der Untersuchungsleiter auswählt, solange es den Quotenanweisungen entspricht und in der Kumulation der Quotenplan eingehalten wird (vgl. Pepels 1998, S. 49).

rechnung nicht möglich ist.[29] Ein weiterer Punkt, der als nachteilig eingestuft wird, ist der Zusammenhang zwischen Quotenmerkmalen und Untersuchungsgegenstand (Böhler 1992). Zum einen kann aus Gründen der Komplexitätsreduktion nur eine beschränkte Anzahl von Merkmalen quotiert werden, zum anderen ist der Zusammenhang zwischen Untersuchungsgegenstand und Quotierung, wie oben angesprochen, in der Regel kaum zu belegen.[30] Das Quotenverfahren verfügt – verglichen mit den anderen angesprochenen Verfahren – über eine Reihe von gewichtigen Vorteilen. Ein entscheidender Vorteil ist die einfache Handhabung des Quotenverfahrens. Die Planung und Durchführung ist einfach (Nieschlag et al. 1997), zudem ist es wesentlich billiger, schneller und elastischer durchzuführen als die Zufallsauswahl (Hammann/Erichson, 2004).

4.5 Datenanalyse

Aufgabe der Datenanalyse ist es, die erhobenen Daten zu prüfen, zu ordnen, aufzubereiten, zu erforschen und auf ein für die Entscheidungsfindung notwendiges und überschaubares Maß zu verdichten (Kesting und Rennhak 2008).

Die Ergebnisse von Marktforschungserhebungen können je nach Anzahl der zu untersuchenden Variablen mittels univariater, bivariater oder multivariater Verfahren analysiert werden. Während die ersten beiden Verfahrensgruppen jeweils nur eine bzw. zwei Variablen betrachten und sich auf Standardmethoden der deskriptiven Statistik[31] fokussieren, lassen sich mit multivariaten Verfahren (Vossebein 2000) drei oder mehr Variablen in die Datenanalyse mit einbinden (Berekoven et al. 2009).

Die Nachbereitung der Datenerhebung umfasst zunächst die Rücklaufkontrolle, bei der die ursprünglichen Datenträger (z. B. Fragebogen, Beobachtungsprotokolle etc.) auf Vollständigkeit und Plausibilität und gegebenenfalls auch auf Verfälschungen (wie z. B. Interviewereinfluss) hin überprüft werden. Nach der Ermittlung der Rücklaufquote bei Stichprobenerhebungen muss eventuell auch über eine Nacherhebung entschieden werden. Bei der statistischen Aufbereitung der erhobenen Daten als zweitem Bereich der Datenanalyse können zahlreiche statistische Verfahren eingesetzt

---

29 Vgl. Böhler (1992, S. 133); Hüttner und Schwarting (2002, S. 132); Koch (1997, S. 43); Schnell et al. (1999, S. 283). Allerdings hält Behrens (1966, S. 113 f.) diese Berechnung durchaus auch für das Quotenverfahren für denkbar.
30 Vgl. Hüttner und Schwarting (2002, S. 132). Dem widersprechen jedoch z. B. Noelle-Neumann und Petersen (1996, S. 261), die davon ausgehen, dass „bei richtiger Handhabung auch die Quotenauswahl repräsentativen Charakter besitzt".
31 Der deskriptiven oder beschreibenden Statistik sind all jene statistischen Verfahren zuzuordnen, die eine zu untersuchende Datenmenge aufbereiten und auswerten. Sie ermöglichen jedoch im Gegensatz zur induktiven Statistik keine Rückschlüsse auf die Grundgesamtheit.

werden, die in Abhängigkeit von der Anzahl der berücksichtigten Variablen in uni-, bi- und multivariate Methoden eingeteilt werden.

Die **univariate Datenanalyse** beschränkt sich, wie die Bezeichnung bereits verrät, mit der Analyse einer einzelnen Variablen und deren Ausprägungen. Über alle Untersuchungsfälle, d. h. Realisationen der Variablen in der Stichprobe, hinweg ergibt sich dabei eine Häufigkeitsverteilung, die durch Berechnung von Mittelwert und Streuungsmaßen in kompakter Form dargestellt werden kann. Ziel der univariaten Datenanalyse ist also insbesondere eine Datenverdichtung. Bei der **bivariaten Datenanalyse** wird hingegen anhand der Verknüpfung von zwei Merkmalen versucht, Ähnlichkeiten zwischen Variablen/Merkmalen und/oder Objekten sowie Zusammenhänge zwischen Variablen in Form von Korrelationen oder Abhängigkeiten im Rahmen der explorativen Forschung zu entdecken bzw. zu überprüfen. Als wichtigste Analysemethoden bieten sich hier Kreuztabellen, Korrelationsanalysen sowie einfache Regressionsanalysen an. Da die Beschränkung auf die Analyse nur einer oder zweier Variablen in uni- bzw. bivariaten Analysen leicht zu Fehlschlüssen führen kann, wenn essentielle Zusammenhänge unberücksichtigt bleiben, besitzt die **Multivariatenanalyse** in der Marktforschung einen besonders hohen Stellenwert. Die hier zur Anwendung kommenden Analyseverfahren setzen in der Regel ordinales oder gar kardinales Skalenniveau der Variablen voraus, das bereits bei der Vorbereitung der Datenerhebung durch eine entsprechende Gestaltung des Erhebungsinstruments zu gewährleisten ist.[32] V. a. die multivariaten Analyseverfahren erfordern darüber hinaus die Einhaltung bestimmter Verteilungsannahmen, meist die sog. Multinormalverteilung, sodass vor Anwendung der Verfahren zunächst Anpassungstests durchzuführen sind.

Zur Datenanalyse stehen leistungsstarke Computerprogramme wie SPSS oder SAS zur Verfügung. Der Anwender muss sich jedoch stets über die Beschaffenheit des zugrunde liegenden Datenmaterials im Klaren sein, ob ein bestimmtes Verfahren auf bestimmte Daten anwendbar ist, das Programm vermag diesbezügliche Fehler bzw. Verletzungen der Anwendungsvoraussetzungen z. B. bzgl. des Messniveaus, ein Nichteinhalten der geforderten Gütekriterien oder eine fehlerhafte Codierung der Rohdaten in der Regel nicht zu erkennen.

---

32 Die multivariaten Analyseverfahren erfordern darüber hinaus in der Regel die Einhaltung bestimmter Verteilungsannahmen, meist die so genannte Multinormalverteilung, so dass vor Anwendung der Verfahren zunächst Anpassungstests durchzuführen sind, um zu überprüfen, ob die entsprechenden Verteilungsannahmen vorliegen.

4.5.1 Uni- und bivariate Datenanalyse

Im Rahmen der univariaten Datenanalyse wird eine einzige Variable (Merkmal, Objekt) analysiert. Dabei handelt es sich um die relevanten Untersuchungsgegenstände.[33] Merkmalswerte (Messdaten, Ausprägungen, Realisierungen) sind dagegen die konkreten oder beobachteten Werte von Merkmalen.[34] Das Messniveau wird durch die Eigenschaften der theoretisch möglichen Merkmalswerte festgelegt. Unterschieden wird dabei zum einen, ob Merkmale ein **diskretes** (qualitatives, nicht-quantitatives, attributives) oder **stetiges** (quantitatives, variables) **Messniveau** haben. Bei diskreten Merkmalen ist die Menge der möglichen Ausprägungen endlich; bei stetigen Merkmalen ist die Menge der möglichen Ausprägungen unendlich. Zum anderen wird zwischen **nominalem, ordinalem** oder **kardinalem** bzw. **metrischem Messniveau** unterschieden. Differenziert wird hierbei, ob es Abstände zwischen den Merkmalsausprägungen gibt und ob diese Abstände interpretierbar sind. Bei nominalen Merkmalen gibt es Unterschiede aber keine Abstände, d. h. die einer Merkmalsausprägung zugeordnete Codierung hat nur den Charakter einer Benennung oder eines Namens. Eine Nominalskalierung ermöglicht somit lediglich die Feststellung von Identitäten bzw. Unterschieden. Ordinale Merkmale haben zwar Abstände, aber diese sind nicht interpretierbar. Die einer Merkmalsausprägung zugeordnete Zahl drückt also eine Rangfolge aus. Es kann daraus eine Rangreihe verschiedener Objekte erstellt werden, wobei die konkreten Abstände zwischen den Objekten nicht bekannt sind, z. B. Schulnoten. Kardinale bzw. metrische Merkmale haben interpretierbare Abstände. Hier kann weiter unterschieden werden in die **Intervallskalierung** und, die **Verhältnisskalierung**. Bei der Intervallskalierung sind zusätzlich zur Rangreihung die Abstände zwischen den Rangplätzen messbar, d. h. die Größe des Abstandes zwischen zwei Werten lässt sich sachlich begründen. Die Intervallskala macht Aussagen über den Betrag der Unterschiede zwischen zwei Messpunkten. Die Ungleichheit der Merkmalswerte lässt sich durch Differenzbildung quantifizieren. Der Nullpunkt und der Abstand der Klassen sind jedoch willkürlich festgelegt. Eine Intervallskala besitzt keinen also absoluten Nullpunkt (z. B. Intelligenzquotient). Bei der Verhältnis- oder Ratioskala liegt zusätzlich noch ein absoluter Nullpunkt vor (z. B. absolute Temperatur in Kelvin). Das Messniveau gibt an, welche mathematischen Transformationen mit den Messwerten zulässig sind und durchgeführt werden können. Die Skalierung von Variablen hat damit eine erhebliche Bedeutung, da sie die anzuwendenden bzw. anwendbaren Datenanalyseverfahren determiniert. Bei der Nominal- und Ordinalskalierung handelt es sich um nicht-metrische Messniveaus. Die Intervall- und Verhältnisskalierung sind

---

33 Sie werden in Darstellungen durch Großbuchstaben (Zufallsvariablen) repräsentiert.
34 Sie werden in Darstellungen durch Kleinbuchstaben (Realisierungen von Zufallsvariablen) repräsentiert.

metrische Skalenniveaus, die häufig die Voraussetzung für den Einsatz einer Vielzahl komplexer bi- und multivariater Analysemethoden darstellen.[35]

In der deskriptiven Statistik (Bamberg et al. 2008) können z. B. Verteilungen der absoluten, relativen und kumulierten relativen Häufigkeiten dargestellt werden. Typische Maßzahlen sind Lokalisationsmaße (z. B. arithmetisches Mittel, Median, Modus) und Streuungsmaße (z. B. Varianz, Standardabweichung, Variationsbreite). Die Daten können in Form von Diagrammen (z. B. Balkendiagramm, Histogramm, Boxplot, Pareto-Diagramm) präsentiert werden und hinsichtlich der zugrunde liegenden Verteilungsannahmen geprüft werden.

Im Rahmen der bivariaten Datenanalyse wird die Beziehung zweier Variablen analysiert. Bei der Zusammenhangs-Analyse werden zwei Merkmale dahingehend untersucht, ob es Abhängigkeiten und Strukturen in ihren Merkmalswerten gibt. Grafisch werden variable Merkmale mit Streudiagrammen (xy-Diagrammen)[36] dargestellt. Ein möglicher Zusammenhang zwischen einem attributiven und einem variablen Merkmal lässt sich durch gruppierte Boxplots prüfen. Ob statistisch signifikante Zusammenhänge bestehen, wird z. B. mit dem χ^2-Unabhängigkeitstest (Bamberg et al. 2008) überprüft.

Darüber hinaus können die Art des Zusammenhangs (z. B. mittels Regressionsanalyse) sowie die Stärke des Zusammenhangs (z. B. mittels Korrelationsanalyse) ermittelt werden. Hierfür gibt es verschiedene Kennzahlen für den Grad des Zusammenhangs zweier Merkmale. Bei nominalen Merkmalen erfolgt die Zusammenhangsanalyse über Assoziationsmaße wie den Kappa-Koeffizienten. Für ordinale Merkmale wird oft der Spearman'sche Rangkorrelationskoeffizient verwendet. Er basiert auf dem Korrelationskoeffizienten nach Bravais-Pearson, der ausschließlich für metrische Merkmale geeignet ist.

4.5.2 Multivariate Datenanalyse

In der multivariate Datenanalyse wird die Beziehung mindestens dreier Variablen analysiert (Backhaus et al. 2006). In diesem Kontext können strukturenprüfende und strukturenentdeckende Verfahren differenziert werden. Das Ziel der strukturenprüfenden Ver-

---

35 Einen Spezialfall bildet die Ratingskala, eine in der Marktforschung sehr häufig eingesetzte Skalierungsmethode. Der Befragte gibt seine Position durch Antwort auf eine Frage zu einer interessierenden Merkmalsdimension selbst auf einem numerischen, grafischen oder daraus kombinierten Maßstab an, der durch zwei gegensätzliche Pole beschränkt ist. Obwohl das Messniveau hier nur ordinal ist, wird aufgrund der Äquidistanz der einzelnen Messpunkte bei Ratingskalen oft eine „Quasi-Intervallskalierung" unterstellt, was den Einsatz leistungsfähigerer Analysemethoden ermöglicht.

36 Ein Streudiagramm (auch Scatterplot, Korrelationsdiagramm) ist eine Grafik, in der die Werte zweier variabler Merkmale gegeneinander abgetragen werden.

fahren liegt in der Überprüfung vermuteter Zusammenhänge zwischen Variablen. Der Anwender besitzt eine auf sachlogischen oder theoretischen Überlegungen basierende Vorstellung von den Kausalzusammenhängen zwischen Variablen und möchte diese mit Hilfe ausgewählter multivariater Verfahren überprüfen. Er muss also die von ihm betrachteten Merkmale in abhängige und unabhängige Variablen einteilen können (z. B. multiple Regressionsanalyse, Diskriminanzanalyse). Strukturen-entdeckende Verfahren dagegen sind multivariate Methoden, deren primäres Ziel im Auffinden von Zusammenhängen zwischen Variablen oder zwischen Objekten liegt. Hier besitzt der Anwender zu Beginn der Analyse noch keine Vorstellungen darüber, welche Beziehungszusammenhänge in einem Datensatz existieren (z. B. Faktorenanalyse, Clusteranalyse).

> **Auf den Punkt gebracht:** Als Markt- oder Marketingforschung bezeichnet man die systematische Erforschung der für ein Unternehmen relevanten Märkte. Je nachdem auf welche Märkte Marktforschung ausgerichtet ist, existieren verschiedene Marktforschungstypen, die ihrerseits wiederum unterschiedlichen Gütekriterien, Prozessschritte, Auswahlverfahren und Datenanalysemethoden unterliegen.

4.6 Lern-Kontrolle

Kurz und bündig
Unter **Marktforschung** versteht man verschiedene Analysemethoden, die von Unternehmen zur Untersuchung des Absatz- und des Beschaffungsmarktes verwendet werden. Qualitative und quantitative Methoden werden dabei inner- oder außerbetrieblich angewandt, wobei im Marktforschungsprozess unterschiedliche Varianten der Datenerhebung und Analyseverfahren verwendet werden. Für die Quellenauswahl zur Durchführung von Befragungen, Beobachtungen und Experimenten, die durch Zufalls- und willkürliche Auswahlverfahren von statten gehen kann, sind diverse Gütekriterien entscheidend.

? Let's check
1. Skizzieren Sie die verschiedenen Aufgabenbereiche der Marktforschung!
2. Geben Sie jeweils drei Vorteile der innerbetrieblichen Marktforschung sowie der Marktforschung durch externe Dienstleister an!
3. Erläutern Sie den Unterschied zwischen Primär- und Sekundärforschung! Welche spezifischen Vor- und Nachteile sind mit diesen beiden Methoden verbunden?
4. Geben Sie beispielhaft jeweils zwei interne und zwei externe Informationsquellen der Sekundärforschung an!
5. Was versteht man unter der Reliabilität und der Validität einer Messung?
6. Welche Vor- und Nachteile haben willkürliche und zufällige Auswahlverfahren bei Feldforschungsversuchen?

7. Wie unterscheidet sich die uni-, bi- und multivariate Datenanalyse?
8. Welche verschiedenen Skalierungsmethoden gibt es und wie unterscheiden sie sich?

❓ Vernetzende Aufgaben
1. Welche Gütekriterien spielen bei einer quantitativen bzw. qualitativen Marktforschungsanalyse eine entscheidende Rolle und warum?
2. Welche Probleme ergeben sich bei einer rein auf Stichproben ausgerichteten qualitativen Markforschungsanalyse für die Einführung eines neuen Produktes und mit welchen weiteren Methoden könnte man die Probleme beheben?
3. Warum sind demoskopische Marktforschungsprojekte sinnvoll bei der Vermarktung von neuen Produkten?
4. Welche Probleme ergeben sich, wenn sich ein Unternehmen alleine auf Sekundärquellen bei der Marktforschungsanalyse konzentriert?
5. In welchen Bereichen, können die Markforschungsmethoden jenseits der Betriebswirtschaft sinnvoll angewendet werden?

ℹ Lesen und Vertiefen
- Backhaus, K., Voeth, M. (2007). *Industriegütermarketing,* München.
- Kesting, T., Rennhak, C. (2011). *Marktsegmentierung in der deutschen Unternehmenspraxis,* Wiesbaden.

Produktpolitik

Carsten Rennhak, Marc Oliver Opresnik

5.1 Markenpolitik – 63

5.2 Programmpolitik – 67

5.3 Produktinnovation – 69

5.4 Lern-Kontrolle – 75

C. Rennhak, M. O. Opresnik, *Marketing: Grundlagen,* Studienwissen kompakt,
DOI 10.1007/978-3-662-45809-9_5, © Springer-Verlag Berlin Heidelberg 2016

Lern-Agenda

Produktpolitische Entscheidungen gehören zu den zentralen Aktionsfeldern des Marketingmix. Die Produktpolitik umfasst alle Aktivitäten eines Unternehmens, die auf die Gestaltung einzelner Produkte oder des gesamten Absatzprogramms gerichtet sind. Dieses Kapitel hat die entsprechenden Lernziele zum Inhalt und möchte folgendes vermitteln:

- was die zentralen Zielsetzungen der Produktpolitik sind,
- welche unterschiedlichen Dimensionen des Produktbegriffes unterschieden werden,
- welche strategischen Entscheidungsfelder der Programmpolitik existieren,
- in welche Phasen der Produktlebenszyklus unterteilt werden kann,
- welche Ziele, Dimensionen und Mittel der Produktgestaltung vorhanden sind,
- welche Bedeutung die Markenpolitik hat,
- was die Erscheinungsformen und Funktionen von Marken sind und
- welche Entscheidungsfelder im Rahmen des Produktinnovationsprozesses existieren.

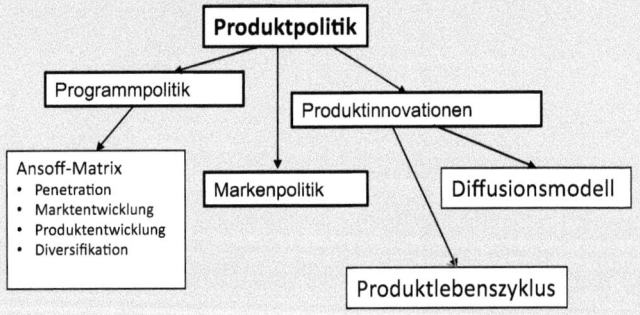

▶ Kapitel 5 auf einem Blick

Kapitel 5 · Produktpolitik

> **Merke!**
>
> Die **Produktpolitik** umfasst alle Tätigkeiten, die sich auf die marktgerechte Gestaltung des Leistungsprogramms einer Unternehmung beziehen, d. h. alle Aktivitäten, die mit der Auswahl und Weiterentwicklung eines Produktes oder eines Produktbündels sowie dessen Vermarktung zusammenhängen. Die Produktpolitik kann somit als das „**Herz des Marketing**" aufgefasst werden, d. h. ohne diesen Teil des Marketing-Mix können alle anderen Teile nicht wirksam werden. Sie steht damit am Anfang jeglicher Marktgestaltung durch das Unternehmen überhaupt.

Den primären Anknüpfungspunkt zur Schaffung einer marktadäquaten Produktleistung stellt zunächst das eigentliche Produkt bzw. die Produktgestaltung dar. Der marketing-spezifische Ansatz der Produktgestaltung fokussiert nicht die Produkttechnik, sondern den kunden- bzw. zielgruppenspezifischen Produktnutzen, d. h. auf die Lösung von Kundenproblemen. Im Marketing werden dabei mehrere **Nutzendimensionen**, die ein Produkt aus Kundensicht erfüllt, unterschieden:

- Der **Grundnutzen** ist der vom Individuum unabhängige, technische und rationale Zweck eines Produkts.
- Aus der Beziehung von Individuum und Produkt entsteht der **persönliche Nutzen**, der von jedem Nachfrager individuell beurteilt wird.
- Der **soziologische Nutzen** entsteht aus dem Verhältnis zwischen Individuum und gesellschaftlicher Umwelt und kann auch als Prestigenutzen bezeichnet werden.

Der **Produktkern** ist für die eigentliche problemlösende Funktionsleistung verantwortlich (z. B. Waschleistung eines Haarwaschmittels oder Fahrleistung eines Dieselmotors). Aufgrund wachsender Ansprüche der Kunden wie auch aufgrund verstärkten Wettbewerbs gilt es, neben Grundnutzenleistungen verstärkt auch Zusatzleistungen anzubieten (z. B. neben der Waschleistung eines Haarwaschmittels eine zusätzliche Pflegeleistung durch rückfettende Substanzen (Two-in-one-Produkte) oder Verbesserung der Beschleunigungsleistung und des Kraftstoffverbrauches eines Dieselmotors durch Turboaufladung). Von besonderer Bedeutung bei der Produktgestaltung ist die Berücksichtigung ökologischer Anforderungen. Sie müssen in hohem Maße bereits beim Produktkern (bei der technisch-funktionalen Leistung) anknüpfen. In vielen Märkten sind die technologischen Möglichkeiten inzwischen sehr ausgereizt. Deshalb müssen Differenzierungs- bzw. Zusatznutzenleistungen verstärkt auf der formal-ästhetischen Ebene gesucht und gefunden werden (z. B. Standardfahrzeugtechnik in einem neuen, jugendlich-spaßigen Design). Neben der Produktgestaltung im engeren Sinn (also dem Produktkern und dem Produktdesign) umfasst die Produktpolitik noch die Produktgestaltung im weiteren Sinn. Sie bezieht sich auf produktumgebende Gestaltungsmittel

(Product Features), die ebenfalls verstärkt unter wettbewerbsdifferenzierenden bzw. präferenzbildenden Aspekten eingesetzt werde: die Verpackung, die Markierung und Value Added Services. Unter Verpackung wird die geeignete Umhüllung eines Packgutes verstanden. Die Verpackung spielt besonders bei Verbrauchsgütern im Konsumgüterbereich (z. B. Konfitüre, Shampoo) eine zentrale Rolle, aber auch bei Gebrauchsgütern (z. B. Haushaltsgeräten) kommt der Verpackung eine spezifische Bedeutung.

Neben der technischen (Lager-, Schutz- und Transportleistung) und der wirtschaftlichen (Informations-, Verkaufs- und Verwendungsleistung) Funktion kommt der Verpackung auch eine ökologische Funktion (Umweltverträglichkeit, Recyclingfähigkeit, Mehrwegpackungen, Verpackungseinsparungen, Nachfüllpackungen) zu.

Value Added Services sind Sekundärdienstleistungen, die in Kombination mit einer Primärleistung des Produkts ein Leistungsbündel ergeben, das zumindest einzelnen Konsumentengruppen einen zusätzlichen Nutzen („value add") gegenüber anderen Leistungsbündeln mit gleicher Primärleistung verspricht. Die wachsende technisch-qualitative Homogenität der Produkte hat zur Folge, dass viele Produkte vom Konsumenten als austauschbar wahrgenommen werden. Die von den Anbietern angestrebte Bindung des Kunden an das Unternehmen kommt in dieser Situation nicht durch eine einmalige Transaktion, das heißt durch den Kauf eines Produktes, sondern erst durch den Aufbau einer langfristigen Beziehung zum Kunden zustande. Der Aufbau und die Pflege einer solchen Kundenbeziehung (Relationship-Marketing) erfordert statt dem Verkauf „nackter" Produkte das Angebot ganzheitlicher Problemlösungen. Diese Entwicklung erfordert in der Regel eine Ausweitung der Absatzprogrammstruktur insbesondere durch Dienstleistungsangebote. Value Added Services können dabei sowohl unentgeltlich als auch entgeltlich angeboten werden.

Mit zielgruppenspezifischen Value Added Services werden neben ökonomischen Zielen in erster Linie Profilierungsziele verfolgt. Durch die Anreicherung ausgewählter Primärdienstleistungen mit Value Added Services können innerhalb eines Produktprogramms die verschiedenen Leistungen eindeutiger voneinander abgegrenzt werden (Intrabrand-Differenzierung). Darüber hinaus wird, vor allem durch personalisierte Zusatzleistungen, eine bessere Differenzierung gegenüber den Wettbewerbern angestrebt (Interbrand-Differenzierung). Die Differenzierungswirkung der Value Added Services wird durch die Erwartungshaltung der Kunden und den Grad der Affinität zwischen Primär- und Sekundärleistung determiniert.

Bzgl. der Erwartungshaltung der Kunden ist zu unterscheiden in:

- **Muss-Leistungen** werden von nahezu allen Anbietern in einer Branche angeboten und vom Kunden erwartet (z. B. technischer Kundendienst bei Kfz).
- **Soll-Leistungen** werden nur von wenigen Anbietern angeboten (z. B. Versicherungsangebote bei Autohändlern).
- **Kann-Leistungen** sind innovativ und bei fast keinem Produkt zu finden (z. B. Fahrsicherheitstraining bei Autohändlern).

Bei hoher Affinität zwischen Primär- und Sekundärleistung überträgt der Kunde die Zufriedenheit mit dem Zusatzservice in der Regel auf die Primärleistung. Die dem Anbieter zugeschriebene Kompetenz wirkt sich positiv auf die Zufriedenheit der Kunden mit dem Value Added Service aus. Bei geringer Affinität besteht die Gefahr, dass die Kunden dem Unternehmen die Kompetenz zur Erstellung der angebotenen Zusatzleistung absprechen und diese nicht nutzen. Auch bei Inanspruchnahme und Zufriedenheit mit der Zusatzleistung besteht die Gefahr, dass die Dienstleistung getrennt von der Primärleistung wahrgenommen und bewertet wird und es somit nicht zu dem angestrebten Transfer auf die Primärleistung kommt.

5.1 Markenpolitik

> **Merke!**
>
> Die **Marke** ist ein in der Psyche des Konsumenten fest verankertes, verdichtetes Vorstellungsbild von einem Produkt, das dieses von Angeboten des Wettbewerbs unterscheidbar macht.

Der Markenauftritt sollte mit den anderen Instrumenten des Marketing-Mix eng abgestimmt sein, damit das Markenbild von den Kunden als konsistent wahrgenommen wird. Die wesentlichen Aufgaben einer Marke sind:
- Kommunikationsmittel des Herstellers,
- Differenzierung gegenüber Mitbewerbern,
- Präferenzbildung zugunsten des eigenen Angebotes,
- Orientierungshilfe in der zunehmenden Angebotsvielfalt,
- Vermittlung von Sicherheit beim Kauf,
- Wiedererkennbarkeit,
- Markenbindung und Markentreue,
- Preissetzungsspielraum,
- Voraussetzung zur Sicherung und Ausweitung der Absatzbasis,
- Möglichkeit des Zielgruppenmarketings,
- Rechtlicher Markenschutz.

Ein wichtiges Entscheidungsfeld der Markenpolitik betrifft die Strukturierung der Markenarchitektur. Hier ist zwischen einer Einzelmarken-, Mehrmarken-, Dachmarken- und Familienmarkenstrategie zu unterscheiden:
- Bei der **Einzelmarkenstrategie** wird für jedes Produkt eine eigene Marke geschaffen, die jeweils nur ein Marktsegment besetzt.

- Bei der **Mehrmarkenstrategie** werden mehrere eigenständige Marken für die gleiche Produktgruppe in den gleichen Markt parallel eingeführt. Deshalb wird die Mehrmarkenstrategie auch als Parallelmarkenstrategie bezeichnet. Die zentrale Zielsetzung dieser Strategie ist der Wettbewerb im eigenen Haus, um den „Kuchen" dann letztlich innerhalb des eigenen Unternehmens aufteilen zu können.
- Die **Dachmarkenstrategie** fasst sämtliche Produkte eines Unternehmens unter einer Marke zusammen.
- Bei der **Familienmarkenstrategie** werden mehrere Produkte eines Anbieters unter einer Marke verkauft. Diese werden als Markenfamilie bezeichnet. Die Bekanntheit und das positive Image der Familienmarke werden so auf alle Produkte der Markenfamilie transferiert. Grundvoraussetzung für eine Familienmarkenstrategie sind verwandte Produktbereiche (z. B. „Nivea" für Körperpflege, „Du Darfst" für gesunde Ernährung).

Ein weiteres wichtiges – eng verbundenes – Entscheidungsfeld betrifft die Problemstellung einer **Markenerweiterung** bzw. eines **Markentransfers**. Unternehmen übertragen etablierte Markennamen auf Produktinnovationen, um das bestehende Markenkapital auf das neue Produkt zu transferieren und dadurch zeitnah und kosteneffizient Abverkäufe zu generieren (Berend 2002).

Der Bereich Markenführung hat in den letzten Jahren enorm an Bedeutung gewonnen und ist zunehmend Thema von Veröffentlichungen (Bayerl und Rennhak 2007). Die Marke ist zu einem Schlüsselthema der marktorientierten Unternehmensführung geworden (Esch 2005). Etablierte Marken haben für Unternehmen neben dem psychologischen Nutzen und ihren Funktionen häufig einen bedeutenden ökonomischen Wert[1], weshalb Unternehmen hohe Summen in das Markenmanagement investieren (Burmann et al. 2005). Begründet liegt diese Markenfokussierung der Unternehmen in dem starken Markenbewusstsein der Konsumenten, das sich bereits im Kindesalter entwickelt und lebenslang bestehen bleibt. Menschen lassen sich in jeder Phase ihres Lebens von Marken leiten und beeinflussen (Esch 2005). Eine Studie von Booz Allen Hamilton und Wolff Olins[2] zeigt, dass über 90 % der befragten Unternehmen davon überzeugt sind, dass ihre Marke einen Schüsselfaktor des Unternehmenserfolges darstellt und deren Bedeutung in den nächsten Jahren noch zunehmen wird. Die Studie

---

1 Der Wert der Marke Coca-Cola wird beispielsweise je nach Berechnungsmethode auf 48 bis 83 Milliarden US-Dollar geschätzt (vgl. Burmann et al. 2005, S. 4).
2 Für die Studie wurde eine Umfrage bei Marketing- und Vertriebsverantwortlichen von europäischen Unternehmen aus den verschiedensten Branchen im August 2004 durchgeführt (vgl. Harter et al. 2005, S. 1).

5.1 · Markenpolitik

zeigt weiterhin, dass „brand-guided"[3] Unternehmen, ungeachtet der Industriebranche, wesentlich erfolgreicher am Markt agieren als Unternehmen, die Marken nicht als bedeutenden Erfolgsfaktor ihrer Geschäftstätigkeit ansehen (Harter 2005).

Durch die Entwicklung und Kommerzialisierung des Internets[4] sind Internetunternehmen und Online-Marken entstanden, die in den Betrachtungen der Markenführung ständig bedeutender werden. Das Internet schafft ungeahnte Möglichkeiten, eine unendliche und faszinierende Vielfalt und wird in der Gesellschaft und unternehmerischen Praxis zunehmend wichtig (Fritz 2004). Die Anzahl der Internetnutzer ist bis 2005 auf rund zwei Drittel der deutschen Bevölkerung angewachsen[5] und das Internet nimmt in der Medienlandschaft durch die stetig wachsende Nutzungsdauer die drittwichtigste Rolle nach dem Fernsehen und dem Rundfunk ein.[6] Es ist zu einem Massenmedium geworden, so dass das demografische Profil der Internetnutzer inzwischen nahezu die Gesamtbevölkerung repräsentiert (Meffert 2001).

Unternehmen müssen sich in der Unternehmens- und Markenführung[7] auf stetig wechselnde Rahmenbedingungen und Einflussfaktoren einstellen (Bruhn 2004):

---

3   Als „brand-guided" werden Firmen bezeichnet, die eine gesunde Markenführung als bedeutend für den Unternehmenserfolg ansehen. Diese Firmen verankern das Markenmanagement in der Führungsebene und haben ein klares Verständnis des Unternehmens und der Marke im Unternehmen aufgebaut (vgl. Harter et al. 2005, S. 2).

4   Das Internet ist ein globales Netzwerk, das es einer Vielzahl verschiedener Netzwerke ermöglicht, miteinander in Kontakt zu treten, zu kommunizieren und Daten auszutauschen (vgl. Fritz 2004, S. 25).

5   Der Anteil der Internetnutzer beträgt 63,5 %, gemessen an den 14- bis 64-Jährigen der deutschen Bevölkerung (vgl. Schneller und Faehling 2005, S. 3).

6   Die Nutzungsdauer in Minuten pro Tag beträgt für Fernsehen 168, für Radio 142, für Internet 59, gemessen an 1000 Befragten im Alter von 14 bis 49 Jahren (vgl. Vehlow 2005, S. 15). Die Studie wurde in einem Zeitraum von 1999 bis 2005 anhand computergestützter Telefoninterviews durchgeführt, was zu einer Endsumme an Befragten von 10.414 Personen führt.

7   Die Markenführung im Unternehmen ist das Management der Unternehmens- oder Produktmarke, also die Planung, Koordination, Durchführung und Kontrolle sämtlicher Elemente, Bereiche und Aufgaben, die im Zusammenhang mit der Marke auftreten. Die Marke kann je nach Umfang und Stellung im Unternehmen unterschiedliche Erscheinungsformen annehmen. Unter einer Dachmarke werden alle Produkte und Leistungen eines Unternehmens zusammengefasst. Dazu gehört auch das Corporate Branding, bei dem das gesamte Unternehmen als Unternehmensmarke etabliert wird. Dies stellt eine Weiterentwicklung der Corporate Identity dar, mit der versucht wird, das Unternehmen als Marke bei Mitarbeitern, Anteilseignern, Kunden und der Öffentlichkeit zu verankern (vgl. Rode und Vallster 2004, S. 8). Die Produktgruppen-, Familien- oder Sortimentsmarke umfasst einen Teil des Produktsortiments eines Unternehmens, während sich die Produkt-, Einzel- oder Monomarke nur auf ein einzelnes Produkt des Unternehmens bezieht. Gemäß dem Geltungsbereich kann zwischen regionalen, nationalen oder internationalen Marken unterschieden werden (vgl. Dörtelmann 1997, S. 10 f.).

Die Zahl der angebotenen Produkte und Dienstleistungen sowie der konkurrierenden Anbieter wächst kontinuierlich, was zu einem riesigen Pool an Produkt- und Servicevarianten und immer ähnlicher werdenden Leistungen führt, wodurch der Markt für Konsumenten zunehmend unübersichtlich wird. Gründe dafür sind zum einen die zunehmende Marktsegmentierung als Reaktion auf heterogener werdende Konsumentenbedürfnisse und die Verkürzung der Produktlebenszyklen, was immer neue Produktentwicklungen und -innovationen zur Folge hat (Esch 2005). Zum anderen bewirken die zunehmende Internationalisierung und der damit verbundene Markteinstieg weiterer Wettbewerber eine Verschärfung des Wettbewerbs auf nationaler und internationaler Ebene (Sattler 2001). Eine weitere Entwicklung ist die Inflation von Maßnahmen zur Markenkommunikation. Dabei nimmt nicht nur die Anzahl der Werbebotschaften innerhalb der Medien zu, sondern auch die der Werbekanäle zu den Konsumenten. Dies führt zu einer Informationsüberflutung der Rezipienten und somit zu einer immer stärkeren Informationsselektion und einem Desinteresse an werbewirksamen Produkt- und Dienstleistungsinformationen (Esch 2005). Weitere wichtige Einflussfaktoren sind die verstärkte Erlebnisorientierung der Konsumenten, die Entwicklung der „Smart Shopper", die auf clevere Art Geld sparen möchten, und die hybriden Kunden, die sowohl Luxusartikel als auch Discount-Produkte konsumieren (Esch 2005).

Die Markenführung muss diese Entwicklungen aufgreifen und im Zuge eines ganzheitlichen Markenmanagements umsetzen. Die **Markenidentität** fungiert als Fundament der Markenführung und stellt das Selbstbild einer Marke dar. Sie ist die Basis und formuliert Zielvorgaben für die Positionierung, die der Marke ihr eigenständiges und unverwechselbares Profil gibt und beeinflusst das Markenimage, das Fremdbild in den Augen der Anspruchsgruppen (Esch 2005). Die Markenpositionierung kann drei Hauptstufen durchlaufen. Als Basis sind die Markenmerkmale zu sehen. Eine Stufe darüber liegen die Vorteile und Leistungen, die ein Kunde in einer Marke sieht. Am erstrebenswertesten ist eine Positionierung basierend auf Glaube und Werten, so dass der Kunde emotional berührt und auf einer tiefer greifenden Ebene angesprochen und gebunden wird (Kotler 2003). Unterstützt werden die Markenidentität und eine erfolgreiche Positionierung von einer Mission und Vision für die Marke (Kotler und Armstrong 2006). Um Konsistenz in der Markenführung zu schaffen, müssen der Marketing-Mix und alle enthaltenen Maßnahmen an der Positionierung ausgerichtet werden, wodurch eine prägnante Markenpersönlichkeit entstehen kann (Jenner 1999).

Die Markenführung sollte als dynamischer Prozess verstanden werden, der immer wieder Aktualisierungen und Anpassungen an wechselnde Rahmenbedingungen und Herausforderungen durch Konsumenten, Konkurrenten, Hersteller oder den Handel fordert.[8] Dazu gehören sowohl die Weiterentwicklung der Positionie-

---

8 Insbesondere in jungen, dynamischen Branchen vollzieht sich ein rascher Wandel der relevanten Rahmenbedingungen und Wettbewerbsvorteile erodieren schnell (vgl. Jenner 1999, S. 22).

rung als auch eine aktuelle Gestaltung der Marketinginstrumente (Jenner 1999). Die verschiedenen Anspruchsgruppen einer Marke treten auf vielfältige Weise in Kontakt[9] mit dieser. Deshalb müssen alle Schnittstellen zwischen dem Unternehmen und seinem Umfeld beachtet und weiterentwickelt werden (Kotler und Armstrong 2006). Markenführung wird durch Kommunikationspolitik umgesetzt und unterstützt. Somit nimmt die Marketingkommunikation eine entscheidende Rolle für ein erfolgreiches und effizientes Markenmanagement ein und fördert die Bekanntheit, die Positionierung, den Markenwert und die positive Einstellung der Konsumenten gegenüber einer Marke.

5.2 Programmpolitik

> **Merke!**
> Die Summe aller von einem Unternehmen angebotenen Produkte wird als **Produktprogramm**, **Produktportfolio** oder auch als **Produktsortiment**[10] bezeichnet.

Im Marketing hat sich als Strategieinstrument zur Gestaltung des Produktprogramms die so genannte **Ansoff-Matrix**, die die Produktprogrammgestaltung nach den Dimensionen Produkte und Zielgruppen gestaltet, etabliert (vgl. ❏ Abb. 5.1).

Mit der Strukturfortschreibung, der Zielgruppenstraffung oder -erweiterung, der Produktprogrammstraffung oder -erweiterung und Konversifikation bzw. Diversifikation ergeben sich zunächst vier basale Möglichkeiten zur Gestaltung des Produktprogramms.

Dabei sind auch bei der **Strukturfortschreibung** taktische und auch strategische Maßnahmen innerhalb des Produktprogramms möglich:

- **Verbesserung am Produkt**, z. B. Fehlerbeseitigung bei der nächsten Auflage dieses Lehrbuchs.
- **Relaunch**, d. h. Veränderung der Positionierung des Angebotes bzgl. der Nutzenerwartungen der Nachfrager (z. B. muss eine Zahncreme nicht nur säubern, sondern jetzt auch „pflegend" sein).
- **Revival** („Wiederbelebung") eingeführter Produkte mittels Aktualisierung äußerer Gestaltungsmerkmale (z. B. Verpackung eines Waschmittels in einer Retro-Blechdose).

---

9 Z. B. durch eigene Erfahrungen mit der Marke oder durch Mund-zu-Mund-Propaganda, durch persönlichen Kontakt mit Firmenangehörigen, Telefonkontakt oder durch den Internetauftritt.
10 Letzteres ist v. a. bei Handelsunternehmen der Fall.

		Zielgruppen	
		Beibehaltung	Änderung
Produkte	Beibehaltung	Strukturfortschreibung	Zielgruppenstraffung oder -erweiterung
	Änderung	Produktprogrammstraffung oder -erweiterung	Konversifikation oder Diversifikation

Abb. 5.1 Ansoff-Matrix. (Schwaiger 1993)

- **stärkere Differenzierung** der bisher bearbeiteten Zielgruppen (z. B. Verfeinerung des Angebots nach Alter durch ein Angebot „Zahncreme 40+").
- **Veränderungen in den funktionalen Vorgaben**, z. B. durch Intensivierung des Einsatzes der Instrumente des Marketing-Mix (Werbung, Preisgestaltung).

Änderungen des Produktprogramms (bei Beibehaltung des Zielgruppenprogramms) werden über **Produktinnovationen bzw. -eliminationen** realisiert. Hierbei werden die bisherigen Zielgruppen beibehalten, diesen werden aber neuartige Produkte angeboten, die im Vergleich zum bisherigen Produktprogramm des Unternehmens eine eigenständige Marktbearbeitung erfordern. Man spricht hier von einer Produktinnovation für bereits bestehende Zielgruppen gesprochen. Analog ist auch der Rückzug einiger Angebotsbereiche ohne Veränderung der Zielgruppen denkbar. Hier wird dann entsprechend von einer Elimination von Produkten bei bereits bearbeiten Zielgruppen gesprochen.

Bei der **Zielgruppenprogrammerweiterung bzw. -straffung** erfolgt eine Änderung des Zielgruppenprogramms unter Beibehaltung des Produktprogramms: Das Produktangebot wird beibehalten, die Produkte werden aber zusätzlichen neuen Zielgruppen angeboten. Man spricht von einer Zielgruppeninnovation. Analog kann auch das gleiche Produktprogramm einigen Zielgruppen nicht mehr angeboten werden, die bisher beliefert wurden. Man spricht dann entsprechend von einer Zielgruppenelimination.

Bei der **Diversifikation bzw. Konversifikation** erfolgt eine simultane Änderung der Struktur auf Angebots- und Zielgruppenebene. Bei einer Diversifikation wird ein vermeintlicher Risikoausgleich zum bestehenden Geschäft gesucht. Dies kann sinnvoll sein, jedoch führte diese Strategie vieler Großunternehmen in den siebziger und achtziger Jahre des vergangenen Jahrhunderts zu einer anschließenden Reduktion der Geschäftsfelder, da durch die zu hohe Steuerungskomplexität angestrebte Synergieeffekte und Ertragsziele nicht realisiert werden konnten. Heute werden stark diversifizierte Unternehmen, so genannte Konglomerate, an den Kapitalmärkten in der Regel durch einen „conglomerate discount" bestraft, d. h. insgesamt mit einem geringeren Unternehmenswert bedacht als die Summe ihrer einzelnen Geschäftsfelder (Fischl und Rennhak 2006).

Es werden nach der Wertschöpfungsstruktur **drei Formen einer Diversifikation** unterschieden:

- Unter einer **horizontalen Diversifikation** versteht man die Ausdehnung des bisherigen Produktprogramms auf Produkte derselben Wertschöpfungsstufe. Das Unternehmen versucht dabei entweder neue Kunden zu akquirieren oder aber bedient Bestandskunden mit neuen Problemlösungen und versucht so, das so genannte „share of wallet" bei diesen Kunden zu erhöhen, d. h. den Anteil der Ausgaben an seinen Gesamtausgaben, den der Kunde mit eben diesem Unternehmen tätigt. Zwischen den neuen und alten Produktlinien besteht dabei ein sachlicher Zusammenhang. Im Zuge einer horizontalen Diversifikation erhöht das Unternehmen seine Wertschöpfungsbreite.
- Die **vertikale Diversifikation** beinhaltet eine Entwicklung entlang der Wertschöpfungskette und bezeichnet entsprechend die Erweiterung des Produktionsprogramms um Produkte aus vor- (z. B. Zulieferprodukte) oder nachgelagerten Wertschöpfungsstufen (z. B. Vertrieb) und wird deshalb auch als Rückwärts- bzw. Vorwärtsintegration bezeichnet. Im Zuge einer vertikalen Diversifikation erhöht das Unternehmen seine Wertschöpfungstiefe.
- Die Erweiterung des Produktionsprogramms auf Produkte, die für das Unternehmen völlig neu sind und in keinem technischen oder wirtschaftlichen Zusammenhang mit dem bisherigen Produktprogramm stehen wird **laterale Diversifikation** genannt. Sie ist in der Regel die riskanteste Form der Diversifikation, schafft aber für das Unternehmen eine maximale Risikostreuung.

Einen zweiten Strukturierungsansatz zu Gestaltungsmöglichkeiten im Produktprogramm liefert die **Produktprogrammbreite-Produktprogrammtiefe-Matrix** (vgl. ◨ Abb. 5.2).

Das Produktprogramm kann dabei hinsichtlich zweier Dimensionen gestaltet werden. Die Programmbreite gibt die Anzahl der nebeneinander bestehenden Produktlinien an. Im Gegensatz dazu beschreibt die Programmtiefe die Anzahl der Modellvarianten innerhalb einzelner Produktlinien. Ändern sich die Kundenbedürfnisse und/oder die Produkte der Mitbewerber, so muss das Produktprogramm diesen angepasst werden.

5.3 Produktinnovation

Neben der Marken- und der Produktprogrammpolitik ist der Themenbereich Produktinnovation von hervorragender Bedeutung für die Produktpolitik eines Unternehmens. Der Grund hierfür liegt in der begrenzten Lebensdauer von Produkten, die sich in einem endlichen Produktlebenszyklus ausdrückt.

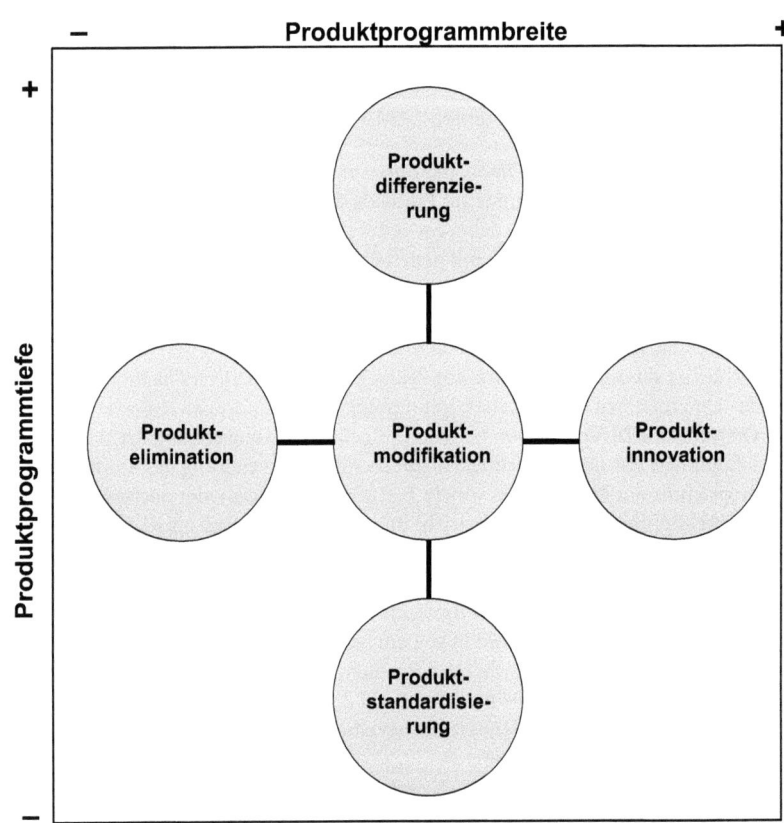

 Abb. 5.2 Produktprogrammbreite-Produktprogrammtiefe-Matrix

> **Merke!**
>
> Der **Produktlebenszyklus** beschreibt den Verlauf von Absatz bzw. Umsatz im Zeitablauf zwischen der Markteinführung eines Produkts und dem Zeitpunkt an dem es vom Markt genommen, d. h. aus dem Produktprogramm eliminiert wird.

Dieser Verlauf wird in einem idealtypischen Produktlebenszyklus in mehrere (typischerweise vier oder fünf) Phasen unterteilt: Entwicklung und Einführung, Wachstum,

5.3 · Produktinnovation

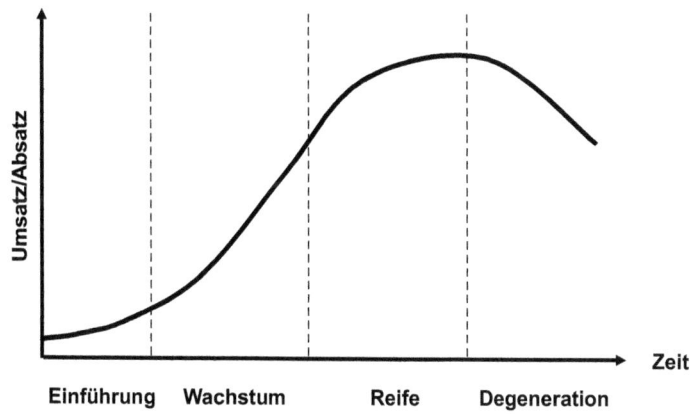

Abb. 5.3 Produktlebenszyklus

Reife bzw. Sättigung und Schrumpfung bzw. Degeneration (bisweilen wird auch noch von einer Nachlaufphase gesprochen, in der z. B. noch After-Sales-Service oder Ersatzteile vorgehalten werden müssen). Inhaltlicher Erklärungsanspruch des Konzeptes ist zu erklären, wie ein neues Produkt auf einem Markt eingeführt und später z. B. durch Variation und/oder Ausdifferenzierung an die sich im Zeitablauf wandelnden Kundenwünsche und Marktverhältnisse angepasst wird, bevor es schließlich vom Markt genommen bzw. durch ein Nachfolgeprodukt ersetzt wird (vgl. ◘ Abb. 5.3).

Vor der Einführung hat das Unternehmen das neue Produkt bereits durch die verschiedenen Instrumente der Kommunikationspolitik bekannt gemacht und erste Vertriebskanäle etabliert. In der Einführungsphase steigen die Absätze bzw. Umsätze allmählich an. In dieser Phase werden aufgrund der vorangegangenen Kosten für die Produktentwicklung und der anhaltenden Kommunikationsausgaben jedoch nur in Ausnahmefällen bereits positive Produktdeckungsbeiträge erzielt. Diese fallen in der Regel erst mit dem Eintritt in die Wachstumsphase an. Diese Phase ist durch den Aufbau weiterer Vertriebskanäle und die Gewinnung zusätzlicher Kundensegmente gekennzeichnet. Erste Konkurrenten treten auf den Plan. Die Reifephase ist typischerweise die zeitlich ausgedehnteste Marktphase. Idealtypisch werden hier auch die höchsten Produktdeckungsbeiträge erzielt. Das Wachstum schwächt sich deutlich ab. Die Unternehmen versuchen in dieser Zeit oft, weitere Wachstumsreserven über eine stärkere Ausdifferenzierung des Produkts zu erschließen. In der Sättigungsphase sind Absätze und Umsätze typischer weise rückläufig.

Unternehmen greifen nun zu unterschiedlichen Maßnahmen, um Kunden zum Wiederkauf zu bewegen langfristig den Erfolg ihrer Produkte zu sichern:

- Eine Möglichkeit, das „Produktleben" zu verlängern, ist die Ausdehnung auf Märkte, die mit dem bisherigen Produktprogramm noch nicht bedient wurden (z. B. durch Internationalisierung).
- Unternehmen können auf Ersatzbedarf fokussieren – theoretisch denkbar ist sogar die bewusste Verschlechterung der Produktqualität („built in obsolence"), die zu einer Verkürzung des Rhythmus für Ersatzbeschaffungen führt.
- Ein naheliegender, doch schwieriger Schritt besteht darin, neue Produkte zu entwickeln, die bisher latent gebliebene Bedürfnisse ansprechen.
- Einfacher zu realisieren ist in der Regel die Modifikation eines bestehenden Produkts. Ein Relaunch bezeichnet dabei die Um- bzw. Neupositionierung eines Produkts und ist meist mit einer umfassenden Veränderung einer oder mehrerer Produkteigenschaften verbunden. Ein Revival beinhaltet dagegen die Intensivierung der Marketingbemühungen für ein Produkt.

Früher oder später kann der Absatz- und Umsatzrückgang aber nicht mehr durch derartige Maßnahmen aufgefangen werden und das Produkt wird vom Markt genommen. Preisdruck, Innovationen und Entwicklung komplementärer Technologien, Veränderung von Kundenbedürfnissen und Produktakzeptanz führen letztendlich zur Eliminierung des Produkts.

Die Dauer eines Zyklus ist sehr heterogen: es gibt Produkte mit extrem kurzen Lebenszyklen (z. B. Modeprodukte oder Consumer Electronics) und andere mit einem sehr langen. Zudem unterliegt der Produktlebenszyklus sehr starken internen (z. B. durch Marketingmaßnahmen getriebenen) wie auch externen Einflüssen (z. B. Konjunktur, Maßnahmen der Wettbewerber, regulatorische Eingriffe) und ist deshalb für Planungszwecke ungeeignet. Tendenziell lässt sich aber sagen, dass Produktlebenszyklen aufgrund des steigenden Wettbewerbsdrucks in vielen Industrien und den sich akzelerierenden technischen Fortschritt kürzer werden. Eine Phasenbestimmung ist nur ex-post möglich.

Die begrenzte Lebensdauer von Produkten macht Produktinnovationen[11] notwendig. Produktinnovationen können zum einen auf bekannten (oder durch Marktforschung identifizierten) Kundenwünschen basieren (Market Pull-Innovationen) oder auf unternehmensinternen technologischen Entwicklung (Technology Push). Mit Market Pull ist die Anwendungs- und Marktorientierung gemeint, anhand derer technologische Innovationen ausgerichtet werden. Beim Technology Push orientie-

---

11 Mit den Produktinnovationen gehen häufig auch Prozessinnovationen einher. Diese kennzeichnen neuartige Faktorkombinationen, die die Produktion eines bestimmten Gutes kostengünstiger, qualitativ hochwertiger, sicherer oder schneller machen. Darunter fallen auch Veränderungen im Humanbereich einer Unternehmung. Prozessinnovationen beziehen sich in der Regel auf innerbetriebliche Veränderungen und nicht auf den marktlichen, unternehmensexternen Verwertungsprozess. Sie können sich auch auf bereits am Markt eingeführte Produkte beziehen

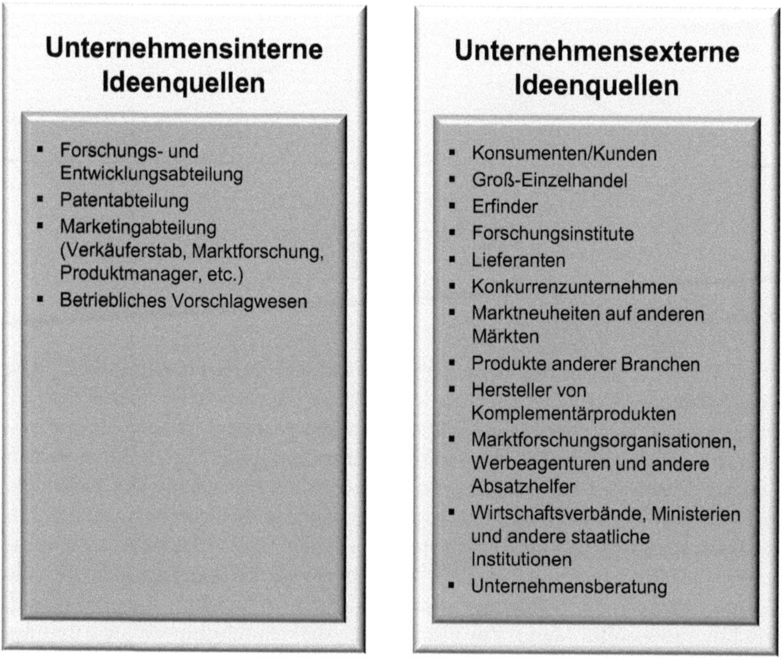

Unternehmensinterne Ideenquellen

- Forschungs- und Entwicklungsabteilung
- Patentabteilung
- Marketingabteilung (Verkäuferstab, Marktforschung, Produktmanager, etc.)
- Betriebliches Vorschlagswesen

Unternehmensexterne Ideenquellen

- Konsumenten/Kunden
- Groß-Einzelhandel
- Erfinder
- Forschungsinstitute
- Lieferanten
- Konkurrenzunternehmen
- Marktneuheiten auf anderen Märkten
- Produkte anderer Branchen
- Hersteller von Komplementärprodukten
- Marktforschungsorganisationen, Werbeagenturen und andere Absatzhelfer
- Wirtschaftsverbände, Ministerien und andere staatliche Institutionen
- Unternehmensberatung

Abb. 5.4 Quellen für Produktinnovationen

ren sich technologische Entwicklungen am technisch Machbaren. Primär bestimmt die immanente Entwicklungslogik von Technik, welche Technologien entstehen und welche Produkte auf den Markt kommen. Bei der Entstehung und Durchsetzung von Innovationen gibt es ein ständiges Zusammenspiel beider Aspekte. Technology Push und Market Pull und „Demand-pull" greifen ineinander und beeinflussen sich gegenseitig. Erst die Kombination der beiden scheinbar gegensätzlichen Strategien sichert den langfristigen Unternehmenserfolg.

Quellen von Produktinnovationen können unternehmensintern wie auch unternehmensextern sein (vgl. Abb. 5.4).

Innovation beinhaltet immer Invention und Exploitation, d. h. die eigentliche Erfindung (eines neuen Produktes, einer neuen Technologie oder Dienstleistung oder die Weiterentwicklung von bereits bestehenden Produkten und Technologien) und die wirtschaftliche Nutzung der Invention.

Innovationen bieten große Wachstumschancen, bergen aber auch Risiken, die sich aus den enormen Investitionen ergeben, die mit der Entwicklung und Markteinführung von Neuprodukten verbunden sind. Es besteht das Risiko, mit dem „falschen"

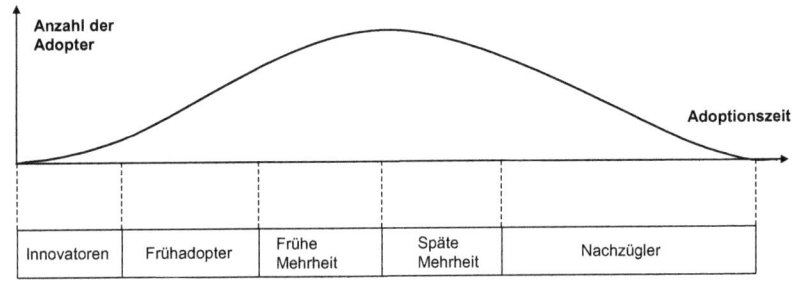

Abb. 5.5 Diffusionsmodell

Produkt rechtzeitig am Markt zu sein (Entwicklungs- oder Eintrittsrisiko).[12] Die Neuproduktentwicklung ist mit einer hohen Misserfolgswahrscheinlichkeit verbunden. Als wesentliches internes Innovationshemmnis erweist sich häufig die unzureichende Innovationsorientierung von Management und Mitarbeitern. Innovationen sind mit erheblichen Veränderungen des persönlichen Arbeitsumfeldes verbunden und lösen deshalb häufig Konflikte und Widerstände in den Unternehmen aus. Ein häufiger externer Grund für das Scheitern von Produktinnovationen ist die nur unzureichende Beachtung von Adoptions- und Diffusionsprozessen. Sie beschreiben die Voraussetzungen und Bedingungen für die erfolgreiche Annahme und Verbreitung von Innovationen im Markt. Zur Planung der Markteinführungsstrategie und des Markteinführungszeitpunktes ist eine möglichst genaue Kenntnis über den Prozess der Verbreitung neuer Produkte im Markt hilfreich. Rogers (1962) hat hierzu folgende Zielgruppen definiert: Innovatoren, Frühaufnehmer, frühe Mehrheit, späte Mehrheit, Nachzügler (vgl. ◘ Abb. 5.5).

Im Gegensatz zum Modell des Produktlebenszyklus' werden im **Diffusionsmodell** ausschließlich Erstkäufer analysiert. Die wichtigste personenbedingte Einflussgröße im Adoptionsprozess und damit das Hauptunterscheidungsmerkmal zwischen diesen Gruppen ist die Risikobereitschaft des Käufers. Die wichtigste produktbedingte Einflussgröße ist der Grad der Verträglichkeit oder Kompatibilität der Produktinnovation mit den Werten, Normen und Gewohnheiten der Konsumenten und ihrer sozialen Umwelt. Gelingt es in der Einführungsphase eines neuen Produktes, die als Meinungsführer agierenden Innovatoren und Frühadopter zu erreichen, so ist eine Beschleunigung bei der Durchsetzung von Neuerungen möglich. Zu einer schnellen Adoption von Neuprodukten im Handel tragen insbesondere eine gute Produktqualität, die Möglichkeit zur Sortimentsabrundung, ein positives Image des Herstellers sowie die Bereitstellung von Ladenwerbematerial bei.

---

12 Es können aber auch hohe Opportunitätskosten durch das Verpassen einer Marktchance bei einem zu späten Markteintritt entstehen.

> Auf den Punkt gebracht: Produktpolitik bezeichnet alle Aktivitäten, die sich auf die Leistungen eines Unternehmens beziehen, wodurch sie den Kern des Marketing bildet. Zu unterscheiden ist dabei zwischen Produkt-, Programm- und Markenpolitik, sowie Produktinnovationen.

5.4 Lern-Kontrolle

Kurz und bündig

Die **Produktpolitik** umfasst alle Tätigkeiten, die sich auf die marktgerechte Gestaltung des Leistungsprogramms einer Unternehmung beziehen. Die **Marke** ist ein in der Psyche des Konsumenten fest verankertes, verdichtetes Vorstellungsbild von einem Produkt, das dieses von Angeboten des Wettbewerbs unterscheidbar macht. Die Summe aller von einem Unternehmen angebotenen Produkte wird als **Produktprogramm, Produktportfolio** oder auch als **Produktsortiment**[13] bezeichnet. Der **Produktlebenszyklus** beschreibt den Verlauf von Absatz bzw. Umsatz im Zeitablauf zwischen der Markteinführung eines Produkts und dem Zeitpunkt an dem es vom Markt genommen, d. h. aus dem Produktprogramm eliminiert wird.

? Let's check

1. Erläutern Sie die Dimensionen des Produktbegriffs an drei selbstgewählten Beispielen!
2. Beschreiben Sie die Phasen des Produktlebenszyklus, und beurteilen Sie kritisch die Aussagefähigkeit des Modells!
3. Welche Grundfunktion hat die Verpackung zu erfüllen? Erläutern Sie die Funktionen anhand von Beispielen!
4. Erläutern Sie den Markenbegriff!
5. Erläutern Sie die Funktion von Marken aus Anbietersicht!
6. Erläutern Sie die Vor- und Nachteile der Einzelmarken-, Familienmarken- und Dachmarkenstrategie!
7. Erläutern Sie die Chancen und Risiken der Markenerweiterung!
8. In welchen Phasen laufen Innovationsprozesse typischerweise ab?
9. Erläutern Sie die unterschiedlichen Quellen für Produktinnovationen!
10. Woran kann es liegen, dass ein neues Produkt die Produkttestphase nicht „überlebt"?

? Vernetzende Aufgaben

1. Welche Anforderungen können über die ökologischen Anforderungen noch an einen Produktkern gerichtete sein?

---

13 Letzteres ist v. a. bei Handelsunternehmen der Fall.

2. Wie kann ein Markentransfer kundenfreundlich durchgeführt werden?
3. Welche besonderen Herausforderungen birgt die Etablierung einer Online-Marke?
4. Welchen Einflüssen versuchen Unternehmen durch die Verkürzung von Produktlebenszyklen entgegenzuwirken?

Lesen und Vertiefen
- Backhaus, K., Büschken, J., Voeth, M. (2003). *Internationales Marketing,* Stuttgart.
- Bayerl, S., Rennhak, C. (2007). *E-Markenführung. Munich Business School Working Paper 2007-01.*
- Esch, F.-R. (2005). *Strategie und Technik der Markenführung,* München.

Preispolitik

Carsten Rennhak, Marc Oliver Opresnik

6.1 Preisbündelung und Preisdifferenzierung – 80

6.2 Preisstrategien – 82

6.3 Ansatzpunkte zur Bestimmung des optimalen Angebotspreises – 85
6.3.1 Kostenorientierte Bestimmung des Angebotspreises – 86
6.3.2 Nachfrageorientierte Bestimmung des Angebotspreises – 89
6.3.3 Wettbewerbsorientierte Bestimmung des Angebotspreises – 91
6.3.4 Integrative Bestimmung des Angebotspreises – 92

6.4 Lern-Kontrolle – 93

C. Rennhak, M. O. Opresnik, *Marketing: Grundlagen*, Studienwissen kompakt,
DOI 10.1007/978-3-662-45809-9_6, © Springer-Verlag Berlin Heidelberg 2016

Lern-Agenda

Jeder Konsument erwirbt materielle Güter bzw. Dienstleistungen nur, wenn er davon überzeugt ist, dass sie ihm einen bestimmten Nutzen stiften. Der Preis bildet somit ein zentrales Element des Wettbewerbs. Dieses Kapitel hat die entsprechenden Lernziele zum Inhalt und möchte folgendes vermitteln:

- welches die Bedeutung der Preispolitik für das Marketing ist,
- was die grundlegende Zielsetzung der Preisdifferenzierung ist,
- welche verschiedenen Formen der Preisdifferenzierung existieren,
- welches die wesentlichen Vor- und Nachteile der Skimming- und der Penetrationsstrategie sind,
- was der Begriff des Yield-Management beinhaltet und
- wie Anbieter die optimale Preisforderung für ihre Sachgüter oder Dienstleistungen auf der Grundlage der eigenen Kosten sowie unter Berücksichtigung der Preisbereitschaft der Nachfrager sowie der Preispolitik der Konkurrenten bestimmen können.

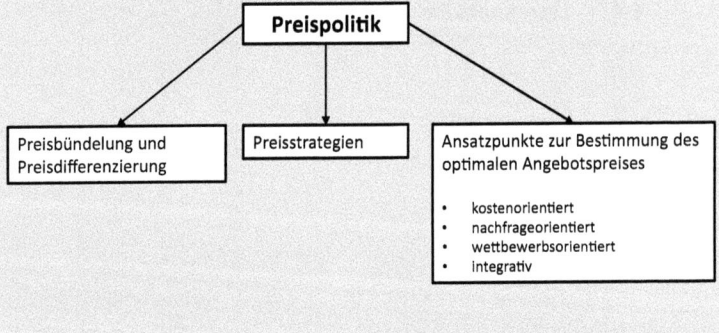

▶ Kapitel 6 auf einem Blick

Die Preispolitik ist das in der Marketingpraxis wohl am Die Preispolitik ist das in der Marketingpraxis wohl am stärksten unterschätzte Instrument. Die Zuordnung von Ressourcen erfolgt in der Regel prioritär zu den Organisationseinheiten, die das Produktmanagement oder den Vertrieb verantworten und dann – mit einigem Abstand – zu den Einheiten, die sich mit der Kommunikation befassen. Das Preismanagement verfügt in vielen Unternehmen über keine dedizierten Ressourcen. Dies steht in krassem Widerspruch zur tatsächlichen Bedeutung der Preispolitik: der Preis ist die Stellgröße, die den Unternehmensgewinn am stärksten beeinflussen kann. Insbesondere in Branchen mit geringen Margen (Umsatzrenditen) können bereits minimale Preiserhöhungen zu erheblich höheren Unternehmensgewinnen führen. Viele Unternehmen neigen in Zeiten von unterausgelasteten Kapazitäten dazu, Preise zu senken. Dies hat in der Regel stark negative Effekte auf den Unternehmensgewinn, denn die angestrebten (oder auch tatsächlichen) Mehrabsätze reichen meist nicht aus, um den Effekt der Preissenkung zu kompensieren. Dies ist nicht zuletzt darauf zurückzuführen, dass mit jedem Mehrabsatz auch die variablen Kosten steigen. Wird hingegen eine Preiserhöhung durchgeführt, verändern sich die Kosten nicht.

Im Gegensatz zu allen anderen Instrumenten im Marketing-Mix haben Unternehmen und Kunden beim Preis konträre Ziele: während Kunden möglichst niedrige Preise wünschen, möchten Unternehmen idealerweise einen möglichst hohen Preis realisieren. Ein optimaler Preis ist also möglichst hoch, wirkt aber aus Kundensicht trotzdem attraktiv und setzt einen Kaufanreiz. Dies zu ermöglichen, ist Aufgabe des Preismanagements.

Viele Unternehmen betrachten das Preismanagement zunächst ausschließlich aus Herstellersicht. Der Preis ergibt sich als Ergebnis der buchhalterischen Kostenkalkulation als Summe von Materialeinzelkosten, Materialgemeinkosten, Fertigungseinzelkosten, Sondereinzelkosten der Fertigung, Fertigungsgemeinkosten, Vertriebs- und Verwaltungskosten, Gewinnzuschlag, Rabatten, Boni, Skonti und der Umsatzsteuer. Diese kostenbasierte Methode ist nicht markt- oder kundenorientiert. Dem Kunden ist die Höhe einzelner Kostenpositionen in der Regel egal. Ihn interessiert in erster Linie die absolute Preishöhe. Diese vergleicht er mit dem Angebot des Wettbewerbs. Die kostenbasierte Preisstellung birgt die Gefahr des „sich-aus-dem-Markt-kalkulierens": ist der Preis wenig wettbewerbsfähig, so wird die Nachfrage hinter den Erwartungen zurückbleiben. Dies führt dazu, dass die Gemeinkosten auf eine geringere Zahl von Kostenträgern umgelegt werden und diese dadurch noch teurer werden. Das Angebot ist am Markt noch weniger attraktiv.

Eine tatsächliche marktorientierte Preisfindung orientiert sich dagegen an den Preisen des Wettbewerbs und an der Preisbereitschaft der Kunden. Es trägt zudem der Marketingstrategie Rechnung, d. h. berücksichtigt die angestrebte Positionierung des jeweiligen Produkts bzw. der jeweiligen Marke am Markt. Hierbei können zudem weitere Überlegungen einfließen: Soll ein Wettbewerber bewusst unterboten werden, um preissensible Kunden abzuwerben? Soll ein neues Produkt zu einem besonders günstigen Einstiegspreis am Markt angeboten werden, um rasch eine Kundenbasis aufzubauen? Dazu ist zu berücksichtigen, dass mit dem Preis auch immer die Qualitätswahrnehmung eines Produktes beeinflusst wird. So sollte in der Regel ein qualitativ höherwertiges Produkt nicht zu einem unterdurchschnittlichen Preis angeboten werden. Weiterhin ist im Rahmen einer marktorientierten Preisfindung auch zu berücksichtigen, wie sich der Preis auf den jeweiligen Marktpartner auswirkt. Verkauft das Unternehmen seine Produkte beispielsweise an den Handel, so hat das Unternehmen großes Interesse daran, dass auch der Händler eine auskömmliche Marge mit dem Produkt erzielt, denn dann wird er entsprechende Verkaufsanstrengungen unternehmen. Verkauft das Unternehmen hingegen direkt an den Endkunden muss der Zahlungsbereitschaft gemessen werden. Dazu existiert eine Reihe von Methoden, unter denen sicherlich die Conjoint Analyse die am besten bewährte ist (Rao 2009).

Um die Preisbereitschaft der Endkunden einschätzen zu können ist ein Verständnis der Preiselastizität wichtig. Die Preiselastizität ist ein Maß dafür, wie stark sich die nachgefragte Menge ändert, wenn sich der Preis ändert. Je höher die Preiselastizität ist, desto stärker reagiert die Menge auf den geänderten Preis (Graf 2002). Anhand der Preiselastizität kann also ermittelt werden, wie stark Kunden auf Preisänderungen reagieren. Ist die Elastizität niedrig, können die Preise relativ stark variiert werden, ohne dass die Kunden übermäßig reagieren, d. h. z. B. bei Preiserhöhungen wandern kaum Kunden ab. In diesem Fall besteht eine Präferenz für Produkt und/oder Marke, die den Kunden veranlasst, trotz des erhöhten Preises loyal zu bleiben.

6.1 Preisbündelung und Preisdifferenzierung

Spezialfälle der marktorientierten Preisfindung sind die **Preisbündelung** und die **Preisdifferenzierung**.

> **Merke!**
>
> Bei der **Preisbündelung** werden verschiedene Produkte zu einem Gesamtpreis angeboten, der unter der Summe der Preise für die Einzelprodukte liegt. Bei der reinen Bündelung werden die Produkte nur im Bündel angeboten und können nicht einzeln erworben werden. Bei gemischter Bündelung können die Produkte des Bündels auch einzeln erworben werden.

Die Vorteile einer Preisbündelung sind mannigfaltig:

- Ein Bündelpreis wirkt aus Kundensicht attraktiv und setzt einen Kaufanreiz, da Kunden insbesondere im Fall der gemischten Bündelung die Einzelpreise mit dem Bündelpreis vergleichen.
- Aus diesem Grunde konsumieren Kunden größere Mengen des Bündelprodukts. Dies erhöht zum einen Umsatz und Gewinn des Anbieters, zum anderen steigt dadurch auch der Marktanteil (und es werden möglicherweise andere Anbieter vom Markt verdrängt).
- Anbieter fügen einem Bündel neben attraktiven, etablierten Produkten bisweilen innovative Produkte, welche die Kunden im Bündel mit erwerben und dann ausprobieren. Hier besteht die Chance, Kunden für das neue Produkt zu gewinnen und zu begeistern.

6.1 · Preisbündelung und Preisdifferenzierung

- In vielen Fällen ist es aus Sicht des Herstellers effizienter ein Bündelprodukt anzubieten, da z. B. Synergien in der Erstellung oder Abwicklung des Bündelprodukts gehoben werden können oder Skaleneffekte bei der Beschaffung größerer Mengen exploriert werden können.

> **Merke!**
>
> Von **Preisdifferenzierung** spricht man, wenn ein Unternehmen für (nahezu) gleiche Produkte unterschiedliche Preise verlangen kann und sich die Preisunterschiede nicht oder nicht gänzlich durch Kostenunterschiede begründen lassen.[1]

Das Ziel der Preisdifferenzierung besteht in der möglichst vollständigen Abschöpfung der so genannten Konsumentenrente durch die Schaffung von Teilmärkten mit spezifischem Nachfrageverhalten. Idealerweise gelingt eine perfekte Preisdifferenzierung, d. h. jeder Kunde bezahlt genau den Preis, den er maximal zu bezahlen bereit ist. Dies gelingt in der Unternehmenspraxis jedoch nur in Ausnahmefällen, da in der Regel die individuelle Zahlungsbereitschaft der Kunden nicht bekannt ist bzw. personifizierte Preise nicht am Markt durchgesetzt werden können. Zudem gelingt es Unternehmen oft nicht, die Etablierung eines Sekundärmarktes zu verhindern, auf dem die Kunden das Produkt weiterverkaufen und so Arbitragegewinne realisieren. In der Praxis gelingt eine perfekte Preisdifferenzierung nur über Auktionen, da hier die Bieter ihre Preisbereitschaften offenlegen. Während bei einer normalen Auktion (z. B. Ebay) von unten nach oben gesteigert wird und der Bieter mit der höchsten Preisbereitschaft letztendlich nur die Preisbereitschaft des zweithöchsten Bieters übertreffen muss, gelingt bei einer so genannten umgekehrten (oder holländischen) Auktion, bei der ein extrem hoher Ausgangspreis so lange schrittweise gesenkt wird bis der Bieter mit der höchsten Preisbereitschaft diese über ein Gebot offenlegt, eine perfekte Preisdifferenzierung.

Nun können nicht alle Produkte in Form einer umgekehrten Auktion verkauft werden (man denke nur an die Güter des täglichen Bedarfs). Unternehmen werden trotzdem bemüht sein mittels geeigneter Gestaltung von Preisen, Mengen und/oder Produkten die Zahlungsbereitschaft der Kunden festzustellen und auszureizen bzw. Kunden mit unterschiedlicher Zahlungsbereitschaft aufgrund verschiedener Kaufkraft abzuschöpfen (Simon und Fassnacht 2009). Populäre Ansätze sind hier:

- die **quantitative Preisdifferenzierung**, bei der der Preis an die abgesetzte Menge gekoppelt wird (z. B. über einen Mengenrabatt) und nicht proportional zur abgenommenen Menge verläuft (so genannte nicht-lineare Preispolitik),

---

1 Die Strategien der Preis- und ▶ Produktdifferenzierung sind somit eng verknüpft.

- die **qualitative Preisdifferenzierung**, die die höhere Preisbereitschaft qualitätsbewussterer Kunden abschöpft,
- die **persönliche Preisdifferenzierung** basierend auf unterschiedlichen spezifischen Merkmalen des Käufers (z. B. Alter, Geschlecht) oder nach Zugehörigkeit zu einer bestimmten sozialen Gruppe (z. B. Studenten- oder Seniorenrabatte),
- die **räumliche Preisdifferenzierung**, mittels derer geographische Kaufkraftunterschiede (Differenzierungskriterium sind z. B. geographisch abgegrenzte Teilmärkte in Form von Ländermärkten, Regionen, Städten) ausgenutzt werden und
- die **zeitliche Preisbereitschaft**. Es werden unterschiedliche Preise in Abhängigkeit vom Kaufzeitpunkt gefordert. Hier kann einerseits z. B. ein früher Kauf belohnt (z. B. Frühbucherrabatt bei Urlaubsreisen) bzw. eine niedrige Dispositionsfähigkeit (z. B. Flexibilitätserfordernisse bei Geschäftsreisenden). Andererseits kann z. B. ein früher Kauf bestraft (z. B. Verfügbarkeit von Information) und ein später Kauf belohnt werden (z. B. geringere Zahlungsbereitschaft von später Mehrheit oder Nachzüglern bei innovativen Produkten).

Die Wahlentscheidung bzgl. der verschiedenen Optionen ist dem Kunden überlassen (Selbstselektion) und von dessen Präferenzen abhängig. Die Sekundärmarktproblematik wird dadurch merklich entschärft.

6.2 Preisstrategien

Mit der Einführung eines Produktes am Markt ist auch über die zugehörige Preisstrategie zu entscheiden. Generell ist hier zwischen **statischen** (der Preis ändert sich im Laufe des Produktlebenszyklus nur unwesentlich, z. B. nur durch Inflationsanpassungen) und **dynamischen Preisstrategien** (der Preis wird vom Anbieter im Laufe des Lebenszyklus bewusst angehoben oder gesenkt) zu unterscheiden. Eine eher kurzfristige dynamische Preisstrategie ist als Sonderfall das so genannte **Yield Management**.

Statische Preisstrategien sind die **Prämien- oder Hochpreispolitik** und die **Promotions- oder Niedrigpreispolitik**. Bei der Prämienpreispolitik verfügt das Unternehmen gegenüber seinen Wettbewerbern über einen marktlichen Vorteil (z. B. Design, innovative Technik, besonders begehrenswerte Marke), der es ihm erlaubt einen relativ hohen Marktpreis durchzusetzen. Ein überragendes Qualitätsimage ist die Voraussetzung für den erfolgreichen Einsatz der Prämienpreispolitik. Die Promotionspreisstrategie ist durch ihre relativ niedrigen Preise gekennzeichnet. Das Motiv für eine solche Strategie liegt meist in einer angestrebten Preis- oder Kostenführerschaft. Dabei besteht jedoch die Gefahr von Preis-Qualitäts-Irradiationen. Aus diesem Grund sollte diese Strategie nur bei vom Kunden direkt überprüfbarer Produktqualität zu Einsatz kommen. Die

6.2 · Preisstrategien

Sonderpreispolitik stellt eine besondere Form der Promotionspreispolitik dar. Sie ist eine zeitlich begrenzte, wettbewerbsorientierte Preissenkung, die auf Marktanteilsgewinne zielt. Sie wird z. B. zur Überbrückung von Zeiten mit stark unterausgelasteten Kapazitäten eingesetzt.

Dynamische Preisstrategien sind die **Marktabschöpfungsstrategie (Skimming Pricing)** und die **Marktdurchdringungspolitik (Penetration Pricing)**.

> **Merke!**
>
> Die **Marktabschöpfungspolitik** ist durch einen relativ hohen Einführungspreis gekennzeichnet, der zunächst nur einen kleinen Kreis potentieller Käufer anspricht. Nach und nach werden dann die Preise gesenkt, um weitere Käuferkreise gewinnen zu können.

Die Marktabschöpfungspolitik ist insbesondere bei hochinnovativen Produkten erfolgsversprechend, wenn die Vergleichsmöglichkeiten der Kunden eingeschränkt sind und hohe Preise tendenziell als Indikator für hohe Qualität angesehen werden. Das Risiko dieser Strategie besteht vor allem darin, dass durch die hohen Gewinnpotenziale für potenzielle Wettbewerber einen Anreiz setzen, in den Markt einzutreten.

> **Merke!**
>
> Die **Marktdurchdringungspolitik** ist durch einen relativ niedrigen Einführungspreis gekennzeichnet, der in der Regel auch in den Folgeperioden beibehalten wird. Mit Hilfe des attraktiven Einstiegspreises versucht man eine rasche Marktdurchdringung und einen hohen Marktanteil zu erringen, um in diesem Stadium dann Rationalisierungs- und Kostensenkungspotentiale zu realisieren und nun Gewinne zu realisieren.

Für diese Preispolitik ist in der Regel ein hohes Marktpotential erforderlich. Bei erfolgreicher Umsetzung ergeben sich für Konkurrenten hohe Markteintrittsbarrieren. Bei entsprechender Profilierung am Markt könnten dann im Zeitablauf die Preise eventuell sogar langsam angehoben werden.

Unternehmen müssen für den Markteintritt genau analysieren, welche der Strategien zur Anwendung kommen soll. Für eine Skimming- und gegen eine Penetrationsstrategie sprechen:

- eine geringe Preiselastizität in der Einführungsphase,
- die mögliche Realisation hoher kurzfristiger Gewinne,
- ein später Konkurrenzeintritt,

- starke Konzentrationstendenzen bei Vertriebspartner (z. B. im Handel),
- ein hoher Innovationsgrad des Produkts,
- die dadurch erfolgende Unterstützung der Produktpositionierung im höherwertigen Preis-Qualitätsfeld und
- die graduelle Abschöpfung der Preisbereitschaft in Form einer zeitlichen Preisdifferenzierung.

Für eine Penetrations- und gegen eine Skimmingstrategie sprechen hingegen:
- die Erzielung hoher Gesamtdeckungsbeiträge durch schnelles Absatzmengenwachstum trotz niedriger Stückdeckungsbeiträge,
- hohe Lernraten und dadurch eine optimale Ausnutzung von Erfahrungskurveneffekten,
- ein Mangel an glaubwürdigen Alternativen, da z. B. eine höhere Preispositionierung aufgrund geringer oder gänzlich fehlender Produktüberlegenheit nicht in Frage kommt sowie
- die Möglichkeit der Abschreckung von Konkurrenten durch niedrige Einführungspreise.

Beim so genannten **Yield Management (Ertragsmanagement)** wird anhand eines dynamischen Preisdifferenzierungsmodells versucht Preis und Nachfrage in Abhängigkeit bereits bekannter Nachfragefunktionen zu steuern. Neben der Abschöpfung der maximalen kundenseitigen Preisbereitschaft dient das Yield Management auch der Kapazitätssteuerung (z. B. bei Fluglinien) (Mauri 2007). Ziel ist es dabei, auch bei stark schwankender Nachfrage eine gleichmäßige Auslastung zu erreichen und den Gesamtertrag je Produkt zu maximieren. Die Besonderheit im Vergleich zur klassischen zeitlichen Preisdifferenzierung besteht darin, dass es zum einen auf der Ebene einzelner Angebote (z. B. ein bestimmter Flug auf einer Strecke an einem bestimmten Datum zu einer bestimmten Uhrzeit) durchgeführt wird und zum anderen auf einer Kontingentierung basiert, d. h. dass innerhalb des Angebots (z. B. 100 Sitzplätze auf dem designierten Flug) Kontingente gebildet werden (z. B. es werden immer 10 Plätze zu einem identischen Preis verkauft). Ist ein Kontingent aufgebraucht, ist der zugehörige Preis nicht mehr verfügbar. Das Besondere an dieser Form der Kontingentierung ist die Tatsache, dass die jeweiligen Kontingente nicht nur an beobachtbare soziodemographische oder andere Kriterien geknüpft werden, sondern auch an Verhalten (z. B. Kaufzeitpunkt). Dabei kommen zur optimalen Ausgestaltung von Preishöhen und Kontingentgrößen auf Marktforschungsergebnissen basierende statistische Prognosemodelle zum Einsatz.

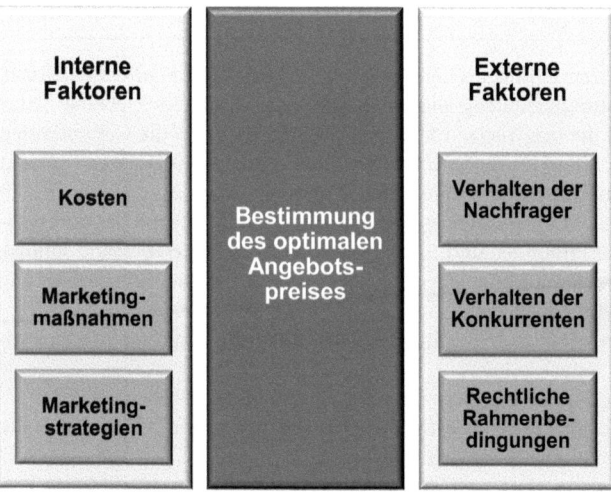

■ Abb. 6.1 Einflussfaktoren bezüglich der Bestimmung des optimalen Angebotspreises. (Hollensen und Opresnik 2010)

6.3 Ansatzpunkte zur Bestimmung des optimalen Angebotspreises

Aufgrund der skizzierten Besonderheiten der Preispolitik einerseits sowie der im Allgemeinen unvollständigen Informationen über die komplexen Wirkungsmechanismen andererseits sind Preisentscheidungen für die Unternehmen mit einem erheblichen Risiko verbunden.

Im Zusammenhang mit Preisentscheidungen lässt sich zwischen **internen und externen Einflussfaktoren** unterscheiden. ■ Abbildung 6.1 nach Hollensen und Opresnik (2010) veranschaulicht diese Abgrenzung.

Eine zentrale Rolle als interner Einflussfaktor spielen die Kosten, da sich das Ertragspotential eines Produktes aus dem Verhältnis zwischen Preis und Kosten ergibt. Darüber hinaus werden Preisentscheidungen von Marketingstrategien beeinflusst. So wird beispielsweise ein Unternehmen, welches mit seinem Produkt eine Premiumstrategie verfolgt, zweifellos einen vergleichsweise hohen Preis anstreben. Auch die Interaktion mit den anderen Marketinginstrumenten muss bei jeder Preisentscheidung berücksichtigt werden. So wirkt sich beispielsweise eine Entscheidung, das eigene Produkt über Discounter zu vertreiben, selbstverständlich auch auf die Höhe der Preisforderung aus. Zentrale externe Einflussgrößen sind einerseits die Verhaltensweisen von Nachfragern und Konsumenten und andererseits die relevanten rechtlichen Rahmenbedingungen (z. B. vertikale Preisbindung für Verlagserzeugnisse).

6.3.1 Kostenorientierte Bestimmung des Angebotspreises

Zu den unmittelbaren Einflussgrößen zählen die Kosten, welche im Unternehmen aufgrund der Leistungserstellung angefallen sind. Grundlegendes Ziel eines jeden Unternehmens ist die langfristige Existenzsicherung, das heißt, die Gesamtkosten müssen durch die Erlöse für die vermarkteten Sach- oder Dienstleistungen gedeckt werden. Vor diesem Hintergrund ist jede Preisforderung daraufhin zu überprüfen, in welchem Umfang sie zur Deckung derjenigen Kosten beiträgt, die mit der unternehmerischen Tätigkeit verbunden sind. Eine Preisforderung ist in diesem Sinne optimal, wenn sie der Unternehmung unter Berücksichtigung der Selbstkosten die Realisierung des geplanten Gewinns ermöglicht.

Die für diese Analyse zu betrachtenden **Kostenbegriffe** sind (vgl. hierzu auch ▶ Kap. 4):

- **Fixe Kosten** sind unabhängig von der produzierten Menge, bleiben bei deren Schwankung folglich unverändert. Zu den fixen Kosten zählen z. B. die Miete für Lager- und Büroräume sowie Gehälter.
- **Variable Kosten** sind demgegenüber abhängig von der produzierten Menge. Zu den variablen Kosten zählen z. B. Materialverbräuche.

Im Rahmen der kostenorientierten Preissetzung des Angebotspreises unterscheidet man zwei Arten von Kalkulationsverfahren, die **vollkostenorientierte und die teilkostenorientierte Preisfestsetzung**. Sollen alle im Unternehmen anfallenden Kosten direkt auf die Produkte verteilt werden, spricht man von einer Preisfestsetzung auf Vollkostenbasis. Sie berücksichtigt demnach sowohl variable als auch fixe Kosten. Demgegenüber fließen bei der Preisfestsetzung auf Teilkostenbasis zunächst nur die variablen Kosten direkt in die Kalkulation ein.

> **Merke!**
>
> Die **kostenorientierte Preisbestimmung** beruht auf der Kostenrechnung des Rechnungswesens. Das dabei angewandte Verfahren wird als progressive Kalkulation, Zuschlagskalkulation oder „mark up pricing" bezeichnet. Grundsätzlich ergibt sich der Angebotspreis p aus den totalen Durchschnittskosten k, die um einen mehr oder weniger einheitlichen prozentualen Gewinnzuschlag g erhöht werden:
> $$P = k(1 + g/100)$$

Die Bestimmung des Angebotspreises auf Basis der Vollkostenrechnung weist verschiedene Vorteile auf: Sie ist einfach anwendbar und führt folglich zu einer schnellen

6.3 · Ansatzpunkte zur Bestimmung

Entscheidung. Der zusätzliche Informationsbedarf ist gering, da die benötigten Daten in der Regel im Rechnungswesen des Unternehmens vorliegen.

Bei einer **Kalkulation auf Vollkostenbasis** enthalten die Selbstkosten k anteilige Fixkosten. Es gilt daher: Je kleiner die abgesetzte Menge, desto höher ist der in k enthaltenen Anteil an Fixkosten. Dies impliziert, dass die Preisbildung auf Vollkostenbasis bei überdurchschnittlichem Kostenniveau des Anbieters zu einer Kosten-Preis-Spirale führt: Es besteht die Gefahr des „aus dem Markt Herauskalkulierens". Eine streng vollkostenorientierte Preispolitik bedeutet auch die Aufgabe einer aktiven Preispolitik, weil sie sich selbst an die Kostensituation bindet.

> **Merke!**
>
> Bei einer **Kalkulation auf Teilkostenbasis (auch Deckungsbeitragsrechnung genannt)** werden die variablen Kosten als Ausgangspunkt genommen und darauf ein Bruttogewinnzuschlag berechnet. Dieser enthält dann nicht nur einen Gewinnanteil, sondern auch einen Beitrag an die fixen Kosten:
>
> $P = k_v + db$

Der **Deckungsbeitrag pro Stück** ist demnach positiv, wenn der Produktpreis höher ist als die variablen Stückkosten. Aus den Deckungsbeiträgen aller betrieblichen Leistungsträger verbleibt dem Unternehmen nach Abzug der fixen Kosten ein Gewinn. Die teilkostenorientierte Preisbildung wird folglich auch als Deckungsbeitragsrechnung bezeichnet.

In diesem Zusammenhang ist es wichtig zu wissen, wo für ein Unternehmen die kostenorientierten Preisuntergrenzen liegen:

- Die **langfristige Preisuntergrenze** liegt dort, wo der Preis sämtliche Kosten deckt. Dies ist dann der Fall, wenn der Preis gleich den totalen Stückkosten ist.
- Bei der **kurzfristigen Preisuntergrenze** entspricht der Preis den variablen Stückkosten. Die fixen Kosten werden also nicht gedeckt. Dies ergibt sich aus der Überlegung, dass kurzfristig die Fixkosten nicht verändert werden können und diese somit ohnehin anfallen.

Den Ausgangspunkt der Deckungsbeitragsrechnung bildet die folgenden Grundgleichungen:

$$\text{Gewinn (G)} = \text{Erlös (E)} - \text{Kosten (K)}$$
$$G = p \cdot x - k_v \cdot x - K_{Fix}$$

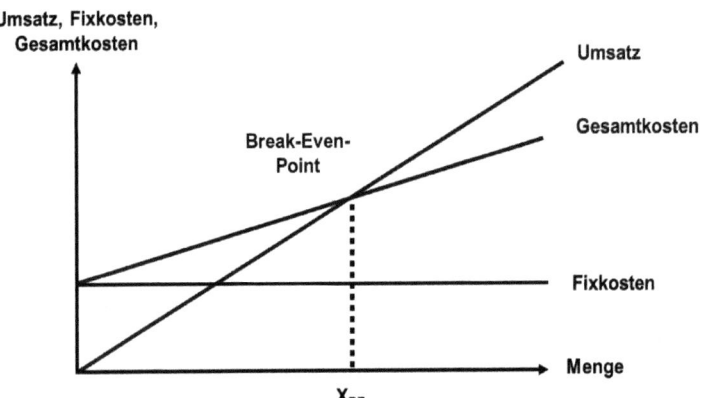

Abb. 6.2 Break-Even-Analyse. (Hollensen und Opresnik 2010)

> **Merke!**
>
> Mit Hilfe der sog. **Break-Even-Analyse** lässt sich jene Absatzmenge ermitteln, welche bei einer bestimmten Preisforderung erreicht werden muss, um Vollkostendeckung zu erreichen. Im Break-even-Punkt ist der Gewinn gleich null, d. h. es wird weder ein Gewinn noch ein Verlust erzielt, die Kosten werden durch den Erlös genau gedeckt. Die impliziert, dass G = 0 gesetzt werden muss.

Als Formel für die Break-even-Menge ergibt sich:

$$X_{BE} = K_{Fix}/(p - k_v)$$

Für den Preis gilt:

$$P = [(G + K_{Fix})/x] + k_v$$

Grafisch gibt der Schnittpunkt von Umsatz- und Kostenkurve den Break-Even-Point an. Erst bei einer Absatzmenge, die größer ist als X_{BE}, erwirtschaftet das Unternehmen einen Gewinn. Abbildung 6.2 veranschaulicht, wie sich der Break-Even-Point bestimmen lässt.

Dieses weit verbreitete Verfahren hat einen gravierenden Nachteil: Der Preis wird nämlich aufgrund des geschätzten Absatzes bestimmt, obschon der Absatz wiederum vom Preis abhängt. Die Elastizität der Nachfrage wird nicht berücksichtigt und der festgesetzte Preis kann zu hoch oder zu niedrig sein, um die produzierte Menge aufgrund des geschätzten Absatzes verkaufen zu können.

6.3.2 Nachfrageorientierte Bestimmung des Angebotspreises

Die Abnehmer sind für die Preispolitik der Anbieter von zentraler Bedeutung. Grundlage der **nachfrageorientierten Preisbestimmung** sind somit nicht die Kosten des Verkäufers, sondern der vom Käufer subjektiv empfundene Wert eines Produktes. Das Unternehmen orientiert sich an den Marktdaten bzw. Nachfrageverhältnissen. Es muss dabei folgende Fragen stellen:

- Wie schätzt der Verbraucher das Produkt ein?
- Welchen Ruf besitzt der Anbieter, Hersteller oder Händler?
- Welchen Preis ist der Käufer bereit zu zahlen?
- Welche Spannen fordern Groß- und Einzelhandel, damit sie das Erzeugnis in ihr Sortiment aufnehmen und sich für den Absatz einsetzen?

Je größer die Nutzenerwartung des Konsumenten für ein Produkt ist, umso höher wird dieses Produkt im Vergleich zur Konkurrenz bewertet. Dies äußert sich wiederum in einer hohen Nachfrage und erlaubt es dem Unternehmen, einen hohen Preis zu verlangen.

Von besonderer Bedeutung für die Analyse des Preisverhaltens der Nachfrager ist die **Preis-Absatz-Funktion**, welche den Zusammenhang zwischen der Höhe der Preisforderung p und der Absatzmenge x darstellt. Die Preis-Absatz-Funktion ist folglich der geometrische Ort aller mengenmäßigen Reaktionen der Nachfrager auf verschiedene Preisforderungen des Anbieters.

Preis-Absatz-Funktionen weisen in der Praxis unterschiedliche Funktionsverläufe auf, wobei der einfachste Fall die linear fallende Preis-Absatz-Funktion ist. Sie stellt eine lineare Marktreaktionsfunktion zwischen der Aktionsvariablen „Preis" und der Reaktionsvariablen „Menge" dar. Häufig wird die Regressionsanalyse (vgl. hierzu das ▶ Kap. 4: Marktforschung) zur empirischen Ermittlung des Zusammenhangs zwischen diesen beiden Parametern eingesetzt.

Die nachfolgende ◻ Abb. 6.3 enthält ein Beispiel für eine lineare Preis-Absatz-Funktion.

Bei einem Produktpreis von 5 EUR kann das Unternehmen die Menge 4 absetzen. Senkt das Unternehmen den Preis auf 3 EUR, steigt die Absatzmenge auf 8.

Die Reaktion der Nachfrager auf Änderungen der Preisforderung lässt sich anhand der **Preiselastizität der Nachfrage** bestimmen. Sie ist ein allgemeines Maß zur Ermittlung der mengenmäßigen Konsequenzen von Preisentscheidungen und stellt somit eine zentrale Information im Rahmen der Preispolitik dar.

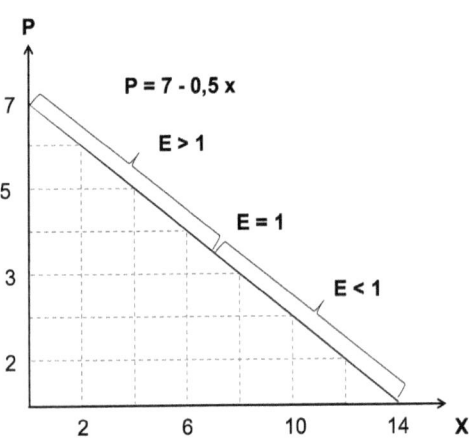

Abb. 6.3 Preis-Absatz-Funktion

> **Merke!**
>
> Die **Preiselastizität der Nachfrage** misst, wie sich die Nachfragemenge verändert, wenn sich der Preis eines Gutes erhöht.

Die Preiselastizität der Nachfrage ist die prozentuale Mengenänderung der Nachfrage bei einer Änderung des Preises um ein Prozent. Die Preiselastizität der Nachfrage hängt ab von:
- der Erhältlichkeit enger Substitute,
- ob es sich um Lebensnotwendiges oder um Luxusgüter handelt,
- von der Marktabgrenzung,
- vom Zeithorizont.

Die Preiselastizität der Nachfrage ergibt sich aus der prozentualen Mengenänderung dividiert durch die prozentuale Preisänderung:

$$\varepsilon = \frac{\text{Prozentuale Mengenänderung}}{\text{Prozentuale Preisänderung}} = \frac{P}{X} \cdot \frac{\Delta X}{\Delta P}$$

Beispiel: Wenn der Preis eines Produktes von € 2,00 auf € 2,20 steigt und die nachgefragte Menge von 10 Stück auf 8 Stück fällt, dann würde die Nachfrageelastizität wie folgt berechnet:

$$\varepsilon = \frac{[(10-8)/10] \cdot 100}{[(2{,}20-2{,}00)/2{,}00] \cdot 100} = \frac{20\,\%}{10\,\%} = 2$$

Dieser Wert sagt aus, dass die prozentuale Absatzänderung das Doppelte der prozentualen Preisänderung ausmacht. Da die Mengenänderung größer ist als die Preisänderung, spricht man in diesem Fall von einer elastischen Nachfrage (Koeffizient ist kleiner als −1). In dem Punkt, der die Preis-Absatz-Funktion halbiert, ist die Preiselastizität genau −1.

Um nun fundierte Entscheidungen bezüglich des richtigen Angebotspreises treffen zu können, benötigt das Marketing mehr oder weniger genaue Informationen darüber, wie stark die Nachfrager auf unterschiedliche Preisforderungen reagieren. Prinzipiell können die folgenden Fälle unterschieden werden:
- Unelastische Nachfrage
  - Die Nachfragemenge reagiert nicht sehr stark auf Preisveränderungen.
  - Die Preiselastizität der Nachfrage ist kleiner als 1.
- Elastische Nachfrage
  - Die Nachfragemenge reagiert stark auf Preisveränderungen.
  - Die Preiselastizität ist größer als 1.
- Vollkommen unelastische Nachfrage
  - Die Nachfragemenge reagiert nicht auf Preisveränderungen.
- Vollkommen elastische Nachfrage.
- Preisveränderungen führen zu einer unendlichen Veränderung der Nachfragemenge.

Preis-Absatz-Funktionen liefern damit wichtige Informationen für die Abschätzung der Folgen preispolitischer Maßnahmen. Dies führt zu der Frage, wie die Bestimmung von Preis-Absatz-Funktionen in der betrieblichen Praxis erfolgt. Hier sind vor allem die folgenden Methoden verbreitet:
- Expertenbefragungen,
- Experimente mit unterschiedlichen Preisansätzen,
- Kundenbefragungen,
- Auswertung von konkretem Kaufverhalten nach Preisveränderungen.

6.3.3 Wettbewerbsorientierte Bestimmung des Angebotspreises

Auf den meisten Märkten herrscht heute ein ausgeprägter Wettbewerb. Die Anbieter sind normalerweise in der Lage, die vorhandene Nachfrage zu befriedigen. Existieren keine oder nur geringe nicht-preisliche Präferenzen der Nachfrager, kann ein Unternehmen seine Preisforderung nicht ohne Analyse der Preisforderungen der unmittelbaren Konkurrenten festlegen. Der **wettbewerbsorientierten Preisbildung** kommt folglich eine entsprechende praktische Bedeutung zu.

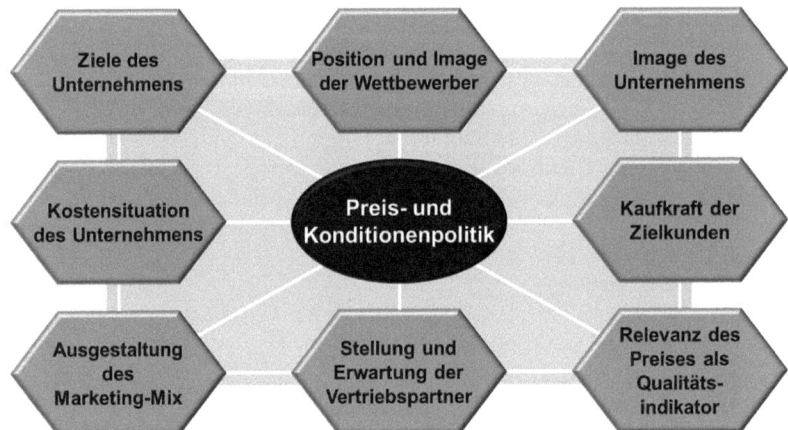

Abb. 6.4 Einflussfaktoren der Preis- und Konditionenpolitik im Rahmen eines integrativen Ansatzes nach Hollensen und Opresnik. (Hollensen und Opresnik 2010)

Bei der konkurrenzorientierten Preisbestimmung richtet sich das Unternehmen nach den Preisen der Konkurrenz. Damit besteht weder ein festes Verhältnis zwischen Preis und Nachfrage noch zwischen Preis und Kosten.

Der eigene Preis wird entweder in gleicher Höhe wie der Konkurrenzpreis (= Leitpreis) oder mit einer bestimmten Abweichung angesetzt. Der einmal festgesetzte Preis wird so lange beibehalten, bis der Leitpreis geändert wird, unabhängig von der jeweiligen Nachfrage- und Kostensituation.

Die konkurrenzorientierte Preisbildung findet man oft auf Märkten mit homogenen Gütern (z. B. Rohstoffe) und/oder oligopolistischer oder atomistischer Konkurrenz.

6.3.4 Integrative Bestimmung des Angebotspreises

Die Ausführungen zeigen, dass die Gestaltung der optimalen Preisforderung je nach Unternehmens- und Marktsituation gleichermaßen von der Kostensituation sowie dem Verhalten der Nachfrager und Konkurrenten abhängt.

In der Praxis sind außerdem vielfach produktionstechnische, finanzwirtschaftliche oder auch marketingstrategische Aspekte bei der Preisfestsetzung zu berücksichtigen. Die simultane Berücksichtigung aller Einflussfaktoren der Preis- und Konditionenpolitik zur Bestimmung der optimalen Preisforderung verdeutlicht ◘ Abb. 6.4.

6.4 · Lern-Kontrolle

> Auf den Punkt gebracht: Die Preispolitik bestimmt die Preisstrategie für eines oder mehrere Produkte und ist eine essentielle aber oft unterschätzte Möglichkeit für Unternehmen effizientes Marketing zu betreiben. Wenn die Preispolitik nicht nur an den Kosten, sondern auch an der Nachfrage und dem Wettbewerb orientiert ist, eröffnen sich zahlreiche Marketingstrategien zum Vorteil des Unternehmens.

6.4 Lern-Kontrolle

Kurz und bündig

Der Preis bildet ein zentrales Element des Wettbewerbs. Spezialfälle der marktorientierten Preisfindung sind die **Preisbündelung** und die **Preisdifferenzierung**. Preisentscheidungen bei Angeboten orientieren sich an Kosten, Nachfrage und Wettbewerb orientieren. In der Praxis sind außerdem vielfach produktionstechnische, finanzwirtschaftliche oder auch marketingstrategische Aspekte bei der Preisfestsetzung zu berücksichtigen.

Let's check

1. Erläutern Sie die folgende Aussage an einem konkreten Beispiel: „Nachfrager vergleichen niemals Produktpreise isoliert, sondern beurteilen stets das Verhältnis zwischen Preis und Nutzen."
2. Erläutern Sie die Besonderheiten der Preispolitik im Vergleich zu anderen Marketinginstrumenten!
3. Was versteht man unter Preisdifferenzierung? Welches Ziel wird mit ihr verfolgt?
4. Welche Voraussetzungen müssen erfüllt sein, um eine erfolgreiche Preisdifferenzierung durchzuführen?
5. Erläutern Sie die verschiedenen Formen der Preisdifferenzierung!
6. Skizzieren Sie die verschiedenen Arten der Preisdifferenzierung anhand von Beispielen!
7. Erläutern Sie das Wesen der Preisbündelung!
8. Gehen Sie auf die Bedeutung von Preispositionierungsstrategien ein!
9. Grenzen Sie die Preisstrategien bei der Einführung neuer Produkte gegeneinander ab! Nennen Sie jeweils diejenigen Faktoren, welche ihren Einsatz begünstigen!
10. Grenzen Sie die Preisfestsetzung auf Vollkostenbasis und auf Teilkostenbasis voneinander ab.
11. Geben Sie die Vor- und Nachteile der vollkostenorientierten Preisbildung an!
12. Weshalb besteht die Gefahr, dass sich ein auf Vollkostenbasis kalkulierender Anbieter selbst der Wettbewerbsfähigkeit beraubt?
13. Erläutern Sie die wesentlichen Merkmale der Break-Even-Analyse! Diskutieren Sie den Einfluss steigender Fixkosten auf das Modell!

14. Welcher Zusammenhang wird durch die Preis-Absatz-Funktion dargestellt?
15. Welche Informationen enthält die Preiselastizität der Nachfrage? Was sagt eine Preiselastizität von e = −2 aus?

Vernetzende Aufgabe
1. Wählen Sie ein beliebiges Produkt eines Unternehmens aus (z. B. aus der Unterhaltungselektronik) und analysieren Sie die Preispolitik des Produkts von dessen Markteinführung bis heute.
    - Sind Preisbündelungen oder – differenzierungen erkennbar?
    - Handelt es sich um eine dynamische oder statische Preisstrategie?
    - Welche Faktoren für die optimale Preisbestimmung sind erkennbar?

Lesen und Vertiefen
- Hollensen, S., Opresnik, M. (2010). *Marketing. A Relationship Approach,* München.

Kommunikationspolitik

Carsten Rennhak, Marc Oliver Opresnik

7.1 Kommunikationswirkung – 99
7.1.1 Das Hierarchy of Effects-Modell – 100
7.1.2 Das Elaboration Likelihood-Modell – 103
7.1.3 Das Modell der Wirkungspfade – 105

7.2 Instrumente der Kommunikationspolitik – 110

7.3 Messung der Kommunikationswirkung – 124

7.4 Lern-Kontrolle – 128

C. Rennhak, M. O. Opresnik, *Marketing: Grundlagen*, Studienwissen kompakt,
DOI 10.1007/978-3-662-45809-9_7, © Springer-Verlag Berlin Heidelberg 2016

Kapitel 7 · Kommunikationspolitik

Lern-Agenda

Der Markterfolg hängt in vielen Produktbereichen zunehmend davon ab, inwieweit es gelingt, die Unternehmen und Marken für die Öffentlichkeit, insbesondere die anvisierte Zielgruppe, sichtbar zu machen. Also wird die auf den Absatzmarkt gerichtete Marktkommunikation betrachtet, welche als „Sprachrohr" des Marketing gilt. Dieses Kapitel hat die entsprechenden Lernziele zum Inhalt und möchte folgendes vermitteln:

- welches die begrifflichen Grundlagen der Kommunikationspolitik sind,
- was die typischen Aufgaben der Kommunikationspolitik im Verlauf des Produktlebenszyklus sind,
- welche Bedeutung die Kommunikationspolitik für den Aufbau von Marken hat,
- welche Werbewirkungsmodelle existieren,
- was für Implikationen der Information Overload beinhaltet,
- welches Instrumente der Kommunikationspolitik zur Anwendung kommen können und
- wie die Messung der Kommunikationswirkung erfolgen kann.

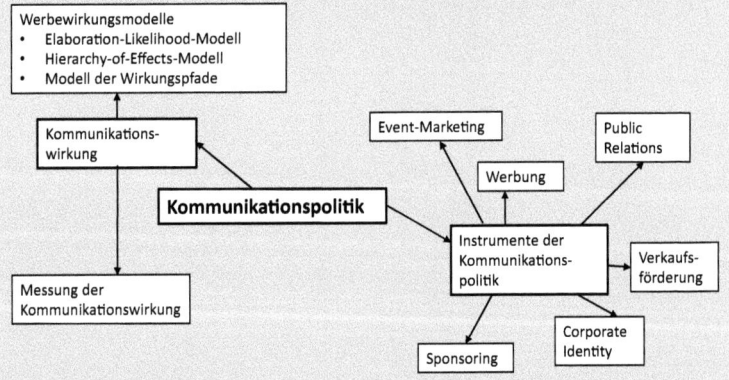

▶ Kapitel 7 auf einem Blick

Kapitel 7 · Kommunikationspolitik

> **Merke!**
>
> Als **Kommunikationspolitik** wird die Gesamtheit der Kommunikationsinstrumente und -maßnahmen eines Unternehmens bezeichnet, die eingesetzt werden, um das Unternehmen und seine Leistungen den relevanten Zielgruppen des Unternehmens darzustellen (Rennhak 2001).

Kommunikationspolitik nimmt damit eine wichtige Funktion im Marketing ein (Unger und Fuchs 2005). Dabei umfasst die Kommunikationspolitik sowohl Maßnahmen der marktgerichteten, externen Kommunikation (z. B. Anzeigenwerbung), der innerbetrieblichen, internen Kommunikation (z. B. Mitarbeiterzeitschriften) als auch der interaktiven Kommunikation zwischen Mitarbeitern und Kunden (z. B. Kundenberatungsgespräche). Da sämtliche Marketinginstrumente kommunikative Wirkungen entfalten können, gilt die Kommunikationspolitik als Bindeglied zwischen allen Instrumenten des Marketing-Mix.

Die Kommunikationspolitik subsumiert alle zielgerichteten Maßnahmen des Unternehmens, die zur Steuerung von Meinungen, Einstellungen, Erwartungen und Verhaltensweisen der Zielgruppe eingesetzt werden. Alle kommunikativen Maßnahmen werden durchgeführt, um vorab definierte Kommunikationsziele zu erfüllen. Grundsätzlich kann hier zwischen Kontaktzielen (streutechnischen Zielen), ökonomischen Zielen (Verhaltenszielen) und außerökonomischen Zielen (Wirkungszielen) unterschieden werden (Rennhak 2001).

Unter Kontaktzielen werden Ziele verstanden, die an Kontaktmaße in Bezug auf die definierte Zielgruppe anknüpfen. Es handelt sich hierbei z. B. um Reichweitenzahlen oder die Kontakthäufigkeit der Rezipienten mit dem Kommunikationsinstrument. Messbare Kommunikationswirkungen bzgl. betriebswirtschaftlicher Größen – wie beispielsweise Veränderungen von Marktanteil oder Absatz – subsumiert man unter den ökonomischen Werbezielen. Außerökonomische Ziele beeinflussen die Realisation ökonomischer Ziele bzw. sind die Voraussetzung für die Erfüllung derselben. Angestrebte Wirkungen in der Psyche der Kommunikationsempfänger müssen folglich verhaltensrelevant für nachgelagertes Kauf- und/oder Verwendungsverhalten sein. So sollen durch die psychologischen Zielgrößen Bekanntheitsgrad oder Produktwissen der Konsumenten gesteigert oder ihr Empfinden gegenüber dem Produkt verbessert werden.

Aufgabe der Kommunikationspolitik ist die Identifikation und Umsetzung der zielgruppengerechten Kommunikations-Mixe als jener Kombination von informations- und kommunikationsbezogenen Instrumenten, die zur Erfüllung der definierten Kommunikationsziele dienen. Die grundsätzliche Entscheidung, die im Rahmen der Gestaltung des Kommunikations-Mix zu treffen ist, ist die Wahl einer Push- oder Pull-Strategie. Bei der Wahl einer Push-Strategie richten sich die Kommunikationsanstrengungen vor allem an Intermediäre (Großhändler, Einzelhandel etc.). Diese sollen dazu veranlasst werden, das Produkt im Sortiment zu führen und zu fördern und so Endkunden anzusprechen, das Produkt also quasi durch den Absatzkanal zu „schieben". Bei einer Pull-Strategie richten sich die Kommunikationsanstrengungen an den Konsumenten, der bei den Intermediären für die entsprechende Nachfrage sorgt, das Produkt quasi durch den Absatzkanal „ziehen" soll.

Zunächst ist das Kommunikationsbudget nach Höhe und sachlicher Verteilung festzulegen. Zur Bestimmung des Kommunikationsbudgets haben sich in der Praxis die Methode des Sich-Leisten-Könnens („All-you-can-afford"), die Prozent-vom-Umsatz-Methode, die Methode der Wettbewerbsparität (Orientierung an den Kommunikationsausgaben der Mitbewerber) und die Ziel-und-Aufgaben-Methode herausgebildet. Bei letzterer wird das Kommunikationsbudget gemäß der Festlegung der Kommunikationsziele, der Bestimmung der konkreten Aufgaben zur Erreichung dieser Ziele und einer Schätzung der Kosten jeder einzelnen Aufgabe gebildet. Hierfür ist entsprechend der Zusammenhang zwischen Kommunikationsaufwendungen und Kommunikationszielen abzuschätzen. Für die sachliche Verteilung des Kommunikationsbudgets sind zudem Kosteninformationen bezüglich der Kommunikationsinstrumente und -dienstleistungen in Erfahrung zu bringen. Grundsätzliche Anforderungen an ein Kommunikationsbudget sind Kontinuität (d. h. eine zeitliche Verteilung des Kommunikationsdrucks, um zeitbeanspruchende Lernprozesse für das Erlernen neuer Botschaften zu ermöglichen und informationsüberlasteten Konsumenten dies durch regelmäßige Wiederholung zu erleichtern), Kraft (ein zu niedriges Kommunikationsbudget geht im Wettbewerbsumfeld unter) und Mischung (Mix-Kampagnen, wie z. B. kombinierte TV-Print- oder TV-Radio-Kampagnen, tragen weiter als Mono-Kampagnen).

Aufbauend auf die Festlegung des Kommunikationsbudgets erfolgt die Auswahl der Kommunikationsinstrumente und -kanäle (Pepels 1997). Die einzelnen Kommunikationsinstrumente werden dabei auf ihre spezifische Eignung zur Erreichung der Kommunikationsziele unter Einhaltung der Budgetrestriktion hin untersucht und zu einem möglichst wirkungsvollen Kommunikations-Mix kombiniert. Die Kommunikationspolitik bedient sich dabei der Instrumente Corporate Identity, Events, Öffentlichkeitsarbeit, Product Placement, Sponsoring, Verkaufsförderung und Werbung. Ist der Instrumenten-Mix festgelegt, erfolgt die Gestaltung der Kommunikationsmaßnahmen. Diese beinhaltet vor allem Entscheidungen bzgl. der Kombination bzw. Dosierung der ausgewählten Instrumente sowie die Entscheidung bezüglich der inhaltlichen Ausgestaltung dieser Instrumente (Bruhn 2005).

Um den Kommunikationserfolg nachzuhalten und wichtige Erkenntnisse für die künftige Gestaltung des Kommunikations-Mix zu gewinnen, ist schließlich eine Kontrolle der Kommunikationswirkung notwendig. Zur Messung sollten Erfolgsgrößen gewählt werden, die sensibel auf die Kommunikationsmaßnahmen reagieren, allein durch die Kommunikation bedingt sind und eine hohe Korrelation mit den Kommunikationszielen aufweisen. In der praktischen Umsetzung wird die Kontrolle der Kommunikationswirkung jedoch durch Beharrungseffekte (d. h. die mit einer Kommunikationsmaßnahme beabsichtigte Wirkung setzt in vielen Fällen weder unmittelbar bei Beginn der Aktion ein, noch klingt sie sofort nach Ende der Maßnahme ab), Verzögerungseffekte (d. h. Konsumenten reagieren nicht unmittelbar auf Kommunikationsmaßnahmen), Ausstrahlungseffekte (d. h. die beobachteten Wirkungen sind auf andere als die betrachtete Kommunikationsmaßnahme zurückzuführen) und Überlagerungseffekte (z. B. Wiederkaufverhalten oder Mund-zu-Mund-Propaganda) wesentlich erschwert (Fill 2005).

Die Kommunikationspolitik ist für viele Unternehmen ein strategischer Wettbewerbsfaktor geworden. Der Kommunikationswettbewerb wird heute durch veränderte Kommunikationsbedingungen und Medienmärkte verschärft: Gleichartige Werbung, Informationsüberlastung („Information Overload") und zunehmende Reaktanz auf Seiten der Kommunikationsempfänger verringert die Möglichkeiten eines Unternehmens, sich durch kommunikationspolitische Maßnahmen beim Kunden und gegenüber dem Wettbewerb zu profilieren. Unternehmen sind in dieser Situation dazu aufgefordert, die Vielzahl an Kommunikationsinstrumenten und -aktivitäten zu koordinieren, so dass ein geschlossenes Erscheinungsbild des Unternehmens entsteht.

7.1 Kommunikationswirkung

Alle werblichen Maßnahmen werden durchgeführt, um vorab definierte Werbeziele zu erfüllen. Die Systematik von McGuire (1978) liefert einen Überblick über typische, aus den Werbezielen abgeleitete Werbewirkungsvariablen (vgl. ◘ Tab. 7.1).[1]

Im Folgenden werden die in Theorie und Praxis gängigsten **Werbewirkungsmodelle** kurz vorgestellt.[2] Im Einzelnen handelt es sich dabei um das **Hierarchy of Effects-Modell**, das **Elaboration Likelihood-Modell** und das im deutschsprachigen Schrifttum dominierende **Modell der Wirkungspfade** von Kroeber-Riel (1987).

---

1 Laut Mayer (1993, S. 20) enthält die Systematik von McGuire den „wohl ausgeprägtesten Grad an Differenziertheit und den umfangreichsten Katalog der Werbewirkungen".
2 Bis heute dominieren psychologische Kommunikationsmodelle bei den Ansätzen zur Erklärung von Werbewirkungen. Die neuen Möglichkeiten des Werbetracking auf der Basis der Scannertechnologie und die Schaffung sogenannter Single-Source-Panels, bei denen Kauf- und Mediengewohnheiten zugleich gemessen werden, haben zu einer Renaissance rein ökonometrischer Ansätze geführt (vgl. Schorr 1999, S. 87).

◘ **Tab. 7.1** Klassifikation der Werbewirkungsvariablen

Variablen der Werbewirkung	
Kontakt	– Passive Begegnung
	– Aufmerksame Zuwendung
Primär emotionale Reaktionen	– Emotionale Aktivierung
	– Affektive Reaktionen
Kognitive Auseinandersetzung mit dem Kommunikationsinhalt	– Aufmerksamkeit (kognitive Aktivierung)
	– Verstehen (Lernen), Erinnern der Inhalte
Verbundwirkungen	– Akzeptanz der Werbeaussage
	– Einstellung zum Produkt
	– Positive Bewertung des Produkts
	– Entscheidung zugunsten des Produkts
Offene Verhaltenskonsequenzen	– Verhaltensabsicht
	– Kaufnahes Verhalten
	– Tatsächliches Verhalten
	– Wiederholungskauf
Verhaltenskonsolidierung	– Kognitive Integration
	– Nachkauf-Kommunikation

7.1.1 Das Hierarchy of Effects-Modell

Das Hierarchy of Effects-Modell hielt bereits 1898 Einzug in die wissenschaftliche Werbeforschung und ist – in jüngerer Zeit mehrfach angepasst und weiterentwickelt – bis zum heutigen Tage das wohl einflussreichste Konzept zur Erklärung der Werbewirkung (Barry und Howard 1990).

Es stellt einen allgemeinen Ansatz zur Erklärung der Werbewirkung dar und differenziert keine speziellen Gestaltungsformen persuasiver Kommunikation. Das Modell ist also kein originärer Ansatz zur Erklärung der Wirkungsweise vergleichender Werbung. Dennoch basiert ein Großteil der empirischen Untersuchungen zur Wirkung vergleichender Werbung auf diesem Konzept. Aus diesem Grunde wird dieser Ansatz im Folgenden näher betrachtet.

7.1 · Kommunikationswirkung

Die am häufigsten zitierte Form des Hierarchy of Effects-Modells stammt von Lavidge und Steiner (1961, S. 59 ff.). Werbung ist nach Ansicht der Autoren das geeignete Mittel, Rezipienten, die zunächst von der Existenz des beworbenen Produkts nichts wissen, über mehrere Stufen hinweg zu Käufern dieses Produkts zu entwickeln. Diese Entwicklung vollzieht sich Lavidge und Steiner (1961, S. 59) zufolge in sieben Stufen:

1. In der ersten Stufe wissen die Rezipienten noch nicht von der Existenz des entsprechenden Produkts.
2. Jene Rezipienten, die das Produkt bereits als existent wahrgenommen haben, befinden sich in Stufe zwei.
3. Stufe drei umfasst Rezipienten, die bereits wissen, was das Produkt als Leistung anbietet.
4. Rezipienten in Stufe vier haben bereits eine Präferenz für das Produkt entwickelt.
5. In der fünften Stufe schätzen die Rezipienten das Produkt besser ein als verfügbare Alternativangebote.
6. Rezipienten in der sechsten Stufe haben den Wunsch, das Produkt zu besitzen und sind zu der Überzeugung gelangt, es auch kaufen zu wollen.
7. Die tatsächlichen Käufer bilden schließlich die letzte Stufe.

Lavidge und Steiner (1961, S. 60) nehmen an, dass Werbung eine langfristige Investition ist, die Rezipienten entlang dieses siebenstufigen Prozesses entwickelt. Sie gehen implizit davon aus, dass es sich bei dem Prozess um eine Wirkungskette handelt: Eine positive Reaktion auf die Kommunikationsmaßnahme auf einer Stufe ist eine notwendige, aber nicht hinreichende Bedingung für eine positive Reaktion auf der nächsthöheren Stufe.[3] Die Schritte zwischen den jeweiligen Stufen sind nicht notwendigerweise äquidistant. Ebenso ist es nicht ausgeschlossen, dass Rezipienten mehrere Stufen gleichzeitig überwinden.[4]

Lavidge und Steiner (1961, S. 61) gehen weiter davon aus, dass die verschiedenen Stufen in ihrem Konzept mit unterschiedlichen Verhaltensdimensionen beim Rezipienten einhergehen (vgl. ◘ Abb. 7.1).

Lavidge und Steiner (1961, S. 60) führen auch das Involvement des Rezipienten als Variable ein.[5] Den Autoren zufolge hat das Involvement des Rezipienten keinen Einfluss darauf, welche Stufen des Konzepts in welcher Reihenfolge durchlaufen werden.

---

3   Vgl. dazu auch Preston und Thorson (1983, S. 27 ff.). Das Modell unterstellt somit einen „one way flow of causality" (Smith und Swinyard 1982, S. 82). Problematisch dabei ist, dass das Hierarchy of Effects-Modell zwar das Vorliegen von Kausalität als konsistent, ihr Fehlen jedoch nicht als inkonsistent betrachtet. Der Ansatz scheint somit grundsätzlich nicht falsifizierbar (vgl. Barry und Howard 1990, S. 123).
4   Kausalität bedeutet jedoch i. d. R. auch, dass Wirkungen zeitlich versetzt ablaufen. Das Modell ist somit an dieser Stelle nicht konsistent.
5   Die Autoren bezeichnen diese Größe als „commitment".

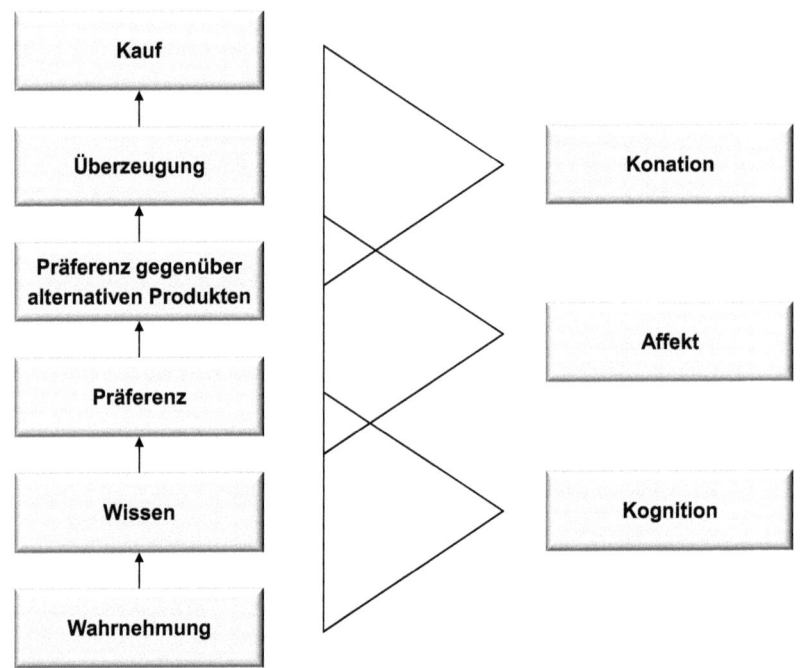

Abb. 7.1 Verhaltensdimensionen nach Lavidge/Steiner

Involvement ist jedoch entscheidend dafür verantwortlich, wie schnell die einzelnen Hierarchiestufen durchlaufen werden: Hoch-involvierte Rezipienten durchlaufen sie langsamer als gering-involvierte Rezipienten. Insgesamt findet das Hierarchy of Effects-Modell von Lavidge und Steiner (1961) tendenziell eher bei hoch-involvierten Rezipienten empirische Bestätigung (Barry und Howard 1990).

Aufgabe des Werbetreibenden ist es in der Logik des Hierarchy of Effects-Modells, seine jeweiligen Kommunikationsmaßnahmen entsprechend der bereits erreichten Entwicklungsstufe der Rezipienten anzupassen: Bei der Produktneueinführung ist das primäre Ziel folglich, das Produkt bekannt zu machen und die Rezipienten mit entsprechendem produktrelevanten Wissen auszustatten. Anschließend steht die Entwicklung einer positiven Einstellung zum Produkt im Mittelpunkt. Am Ende des Prozesses schließlich ist der tatsächliche Kauf zu stimulieren.

7.1.2 Das Elaboration Likelihood-Modell

Das Elaboration Likelihood-Modell der Autoren Petty/Cacioppo versucht qualitativ verschiedene Arten von Einstellungsänderungen beim Rezipienten durch unterschiedliche Informationsverarbeitungsniveaus zu erklären (Petty et al. 1991). Das ursprünglich in einem sozialpsychologischen Kontext entwickelte Modell (Petty und Cacioppo 1983) hat – trotz mancher Kritik – im Bereich der Werbung breite Anerkennung gefunden (Wilkie 1994).

Die Grundlage für das Elaboration Likelihood-Modell bildet die Theorie der kognitiven Reaktion. Diese basiert auf der Annahme, dass Rezipienten die Inhalte der Werbebotschaft in ihre bestehende Wissensbasis integrieren und im Prozess der Informationsverarbeitung kognitive Reaktionen generieren, die selbst nicht Inhalt der Werbebotschaft sind. In der Theorie der kognitiven Reaktion wird der Prozess der Persuasion wesentlich durch ebendiese kognitiven Reaktionen beeinflusst (Greenwald 1968). Die Theorie der kognitiven Reaktion geht weiter davon aus, dass die Wirkung von Werbung maßgeblich davon abhängt, wie groß die Anzahl der positiven kognitiven Reaktionen im Verhältnis zur Anzahl der negativen kognitiven Reaktionen ist (Petty und Cacioppo 1986).

Das Elaboration Likelihood-Modell stützt sich weiter auf die Annahme, dass bestimmte individuelle und situative Faktoren den Verarbeitungsaufwand determinieren, den Rezipienten auf eine bestimmte Botschaft verwenden. Individuelle Faktoren können dabei z. B. die persönliche Relevanz oder das subjektive „need for cognition" sein, während unter den situativen Faktoren z. B. die Verständlichkeit der Botschaft, ablenkende Reize oder auch Wiederholungseffekte subsumiert werden (Cacioppo und Petty 1982). Individuelle und situationsspezifische Faktoren bestimmen somit die Motivation[6] und die Fähigkeit des Rezipienten, die Kommunikationsinhalte kognitiv zu verarbeiten (Cacioppo und Petty 1982).

Nach Petty und Cacioppo (1984, S. 72 f.) ist die Motivation des Rezipienten, sich kognitiv mit dem Kommunikationsinhalt auseinanderzusetzen, von der persönlichen Relevanz des Inhalts für ihn selbst abhängig. Das „need for cognition", d. h. das generelle Bedürfnis des Rezipienten, sich mit Inhalten aller Art kognitiv auseinanderzusetzen, sehen Cacioppo und Petty (1982, S. 116 f.) als weitere Einflussgröße an. Rezipienten, bei denen diese Eigenschaft stärker ausgeprägt ist, verarbeiten auch Werbung mit größerer Wahrscheinlichkeit stärker kognitiv. Andere Variablen, die innerhalb dieses Ansatzes die Motivation beeinflussen, sind z. B. die Verwendung rhetorischer Fragen, die Anzahl der Personen, die die Botschaft kommunizieren, die Anzahl der Personen, die die Kommunikationsbotschaft evaluieren etc. (Petty und Cacioppo 1983).

---

6 Kearsley (1995, S. 51) merkt an, dass der Begriff der Motivation in seiner Funktion im Rahmen des Elaboration Likelihood-Modells dem Involvement-Konstrukt inhaltlich sehr ähnlich ist.

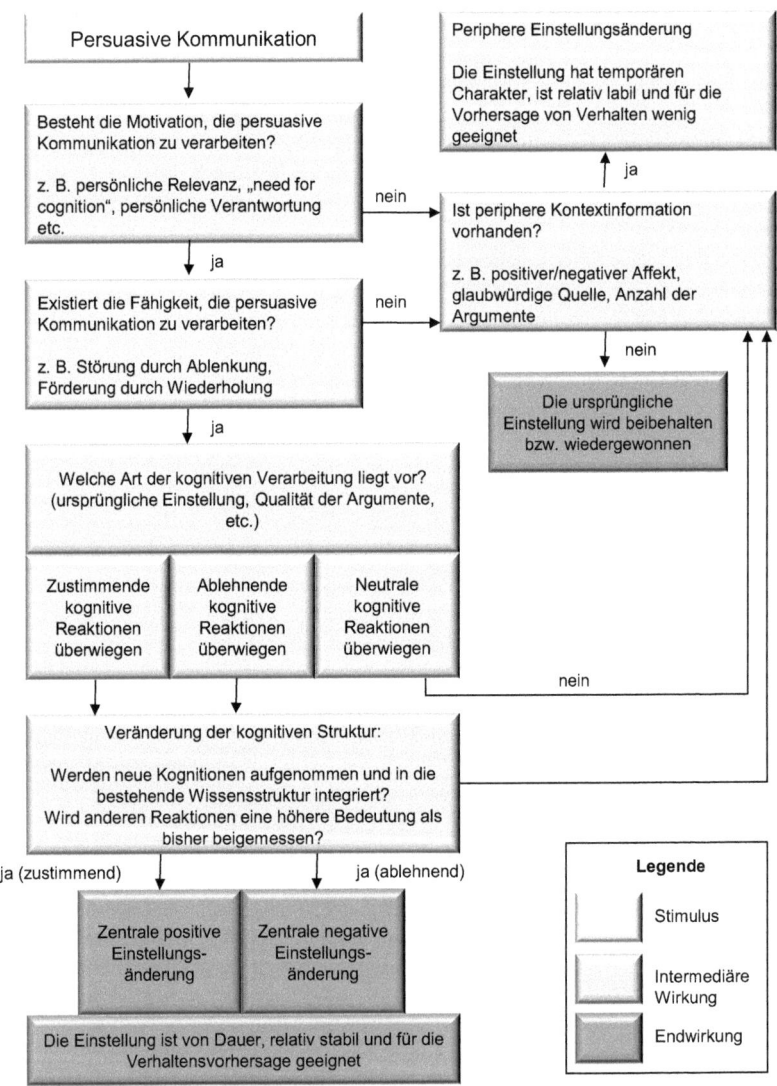

Abb. 7.2 Das Elaboration Likelihood-Modell

Das Elaboration Likelihood-Modell (vgl. ◘ Abb. 7.2) geht von folgendem Zusammenhang aus: Bedingen die Ausprägungen der entsprechenden situativen und individuellen Faktoren eine hohe Wahrscheinlichkeit, den Kommunikationsinhalt kognitiv zu verarbeiten, so ist auch die Wahrscheinlichkeit dafür hoch, dass die Information mit einer großen Verarbeitungstiefe verarbeitet wird. Petty und Cacioppo (1986, S. 3) nennen diesen Fall „central route to persuasion". Im umgekehrten Fall sprechen sie von der „peripheral route to persuasion".

Bei der Informationsverarbeitung auf der „central route"
- nehmen die Rezipienten Kommunikationsinhalte mit großer Aufmerksamkeit wahr,
- vernetzen neue Informationen mit bereits bestehenden Wissensstrukturen im Gedächtnis,
- unterziehen die Kommunikationsinhalte auf der Basis ihres Vorwissens einer sorgfältigen Prüfung,
- ziehen ausgehend von ihrer bestehenden Wissensbasis und der Analyse der Kommunikationsinhalte entsprechende Schlussfolgerungen und
- gelangen zu einer abschließenden Beurteilung bzw. Einstellung (Cacioppo und Petty 1982).

Bei der Informationsverarbeitung auf der „peripheral route" hingegen gelangen die Rezipienten zu einer Beurteilung des Sachverhalts bzw. zu einer Einstellung, die nicht auf einer intensiven Auseinandersetzung mit den Kommunikationsinhalten, sondern auf positiver bzw. negativer Kontextinformation basiert. Diese weist keine intrinsische Verbindung zum Werbeobjekt auf (Cacioppo und Petty 1982).

7.1.3 Das Modell der Wirkungspfade

Das Werbewirkungsmodell von Kroeber-Riel et al. (2008) basiert auf drei wesentlichen Konzepten:
- Unter den „**Wirkungskomponenten**" werden die psychischen Reaktionen des Rezipienten auf die Werbung und das davon bestimmte Kaufverhalten subsumiert.
- „**Wirkungsdeterminanten**" sind die Bestimmungsgrößen der Werbewirkung, d. h. mit ihnen werden die Bedingungen angegeben, die eine bestimmte Werbewirkung zur Folge haben. Dabei sind vor allem zwei Determinanten wesentlich. Die erste Determinante bezieht sich auf die Differenzierung in emotionale und informative Werbung, während die zweite Determinante auf Unterschiede im Involvement der Rezipienten abzielt, d. h., Kroeber-Riel et al. gehen davon aus, dass stark involvierte Konsumenten anders auf Werbung reagieren als schwach involvierte.

- **"Wirkungsmuster"** schließlich geben den Zusammenhang zwischen Wirkungsdeterminanten und Wirkungskomponenten an. In Abhängigkeit von den Bedingungen, unter denen Werbung stattfindet und aufgenommen wird, werden verschiedene Teilwirkungen ausgelöst. Wirkungsmuster bezeichnen also die unter bestimmten Bedingungen ausgelösten Wirkungskomponenten und ihre Verknüpfungen.

Die Wirkungskomponenten umfassen die von der Werbung angesprochenen Antriebskräfte der Konsumenten und die von ihr bewirkte gedankliche Steuerung des Verhaltens. Im Einzelnen sind dies: die Wahrnehmung der Werbung, emotionale und kognitive Prozesse, Einstellungen und Kaufabsicht.[7]

- Die Wahrnehmung der Werbung hängt maßgeblich von der Aufmerksamkeit ab. Kroeber-Riel/Weinberg fassen sie als Ausdruck der Aktivierung des Rezipienten auf.[8]
- Emotionale Prozesse spiegeln die Wirkung der Werbung auf Emotion und Motivation der Rezipienten wider.
- Bei den kognitiven Prozessen handelt es sich um die Aufnahme, Verarbeitung und Speicherung der durch die Werbebotschaft kommunizierten Information. Kognitive Reaktionen bedingen, dass die durch die Werbung ausgelösten Antriebskräfte Emotion und Motivation rational verarbeitet werden.
- Einstellung bzw. Kaufabsicht verstehen Kroeber-Riel und Weinberg (2008, S. 588) als „Vor-Entscheidungen" des Rezipienten, die durch das Zusammenwirken von emotionalen und kognitiven Wirkungen entstehen und wesentlich dafür verantwortlich sind, ob ein bestimmtes Produkt gekauft wird.

Anfang und Ende der Wirkungskette stellen Werbekontakt und (Kauf-)Verhalten dar (vgl. ◘ Abb. 7.3).

Das (Kauf-)Verhalten ist die angestrebte Endwirkung und ergibt sich unmittelbar als Folge der dargestellten psychischen Wirkungen der Werbung.

---

7 Vgl. Kroeber-Riel et al. (2008, S. 587 f.). Zum System der Wirkungskomponenten gehören nicht nur Größen, die von der Werbung beeinflusst werden, sondern auch solche, die von der Situation der Rezipienten abhängen. Kroeber-Riel et al. (2008, S. 588) verstehen den Begriff Wirkungskomponente also im weiteren Sinn als „Baustein" für das Zustandekommen der Gesamtwirkung der Werbung.

8 Die Aufmerksamkeit wird im Modell von Kroeber-Riel et al. als nur teilweise von der Werbung beeinflusst angesehen. Die Autoren nehmen an, dass sie in nicht unerheblichem Ausmaß vom Involvement des Rezipienten abhängig ist.

7.1 · Kommunikationswirkung

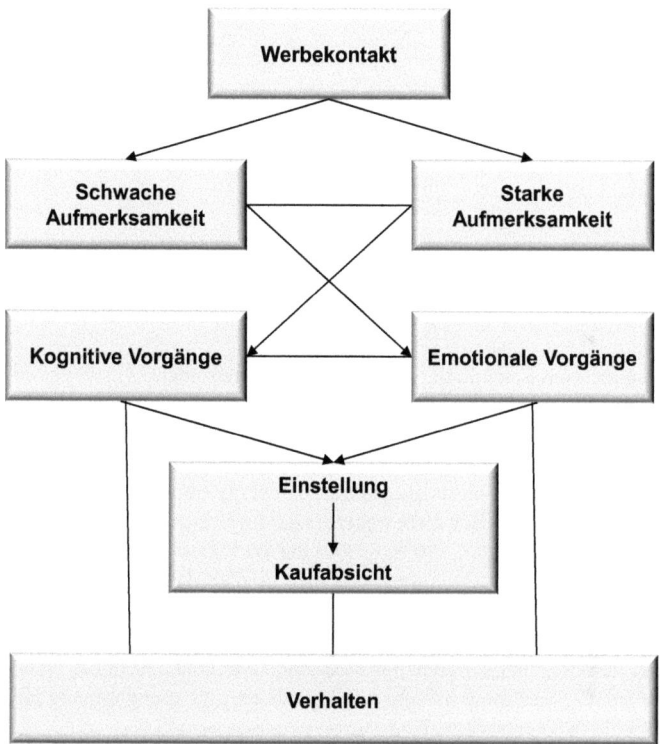

◘ **Abb. 7.3** Wirkungskomponenten der Werbung nach Kroeber-Riel et al. (Kroeber-Riel et al. 2008)

Die Wirkungsdeterminanten dienen dazu, die Bedingungen zu definieren, unter denen Werbung unterschiedliche Wirkungen entfaltet (vgl. Kroeber-Riel et al. 2008, S. 589 ff.).[9]

Die beiden wichtigsten Determinanten im Modell sind
- die Art der Werbung (emotional, informativ oder eine Mischform) und
- das Involvement des Konsumenten (geringes oder hohes Involvement).

---

9 Es kommen hier zahlreiche weitere Bestimmungsgrößen in Betracht. Kroeber-Riel et al. (2008, S. 589) selbst führen hier z. B. das Werbemedium an. Ferner müsse die Werbewiederholung beachtet werden (vgl. Kroeber-Riel 1993, S. 95 ff.).

◘ **Tab. 7.2** Konstellationen der Wirkungsdeterminanten nach Kroeber-Riel. (Kroeber-Riedel et al. 2008)

	stark involvierte Rezipienten	schwach involvierte Rezipienten
informative Werbung	1	2
emotionale Werbung	3	4
gemischte Werbung	5	6

Insgesamt sind somit sechs Konstellationen von Wirkungsdeterminanten möglich, wobei jede für sich eine spezielle Bedingung für die Werbewirkung angibt (vgl. ◘ Tab. 7.2).

Unter informativer Werbung verstehen die Autoren Werbung, die sich im Wesentlichen darauf beschränkt, dem Rezipienten sachliche Information zu vermitteln. In der emotionalen Werbung dominiert dagegen die Darbietung emotionaler Reize.[10]

In das Modell der Wirkungspfade fließt weiterhin das Involvement der Rezipienten insofern ein, als Kroeber-Riel et al. (2008, S. 594) die Wirkungskomponente „Aufmerksamkeit" zweiteilen: „Schwache Aufmerksamkeit" zeigt an, dass die Werbung auf einen wenig-involvierten Rezipienten trifft, wohingegen „starke Aufmerksamkeit" auf hoch-involvierte Rezipienten hinweist.

Wenig-involvierte Rezipienten verhalten sich einer Werbung gegenüber relativ passiv; sie nehmen die Werbebotschaft eher desinteressiert und häufig unintendiert auf, ohne sie kognitiv zu verarbeiten. Hoch-involvierte Rezipienten verwenden entsprechend mehr Aufmerksamkeit auf die Werbebotschaft. Sie nehmen sie bewusst auf und setzen sich aktiv mit ihr auseinander.

Die Wirkungsmuster beschreiben die Wirkung der Werbung unter den jeweiligen Bedingungskonstellationen (Kroeber-Riel et al. 2008).

Das Wirkungsmuster einer informativen Werbung bei hohem Involvement lautet also: „Werbekontakt → starke Aufmerksamkeit → kognitive Wirkung → Einstellung → Verhalten".

Bei der Verarbeitung einer informativen Werbebotschaft stellen sich auch mehr oder weniger starke emotionale Begleitreaktionen ein. Nach Ansicht von Kroeber-Riel

---

10 Bei der Zurechnung von Werbemitteln zu informativer und emotionaler Werbung tauchen laut Kroeber-Riel et al. (2008, S. 590) kaum Abgrenzungsprobleme auf. Diese seien eher schon bei der Abgrenzung der dritten Art der Werbung, der sogenannten Mischform, zu erwarten. Werbungen, die der Mischform zuzurechnen sind, enthalten sowohl informative als auch emotionale Inhalte. Gemischte Werbung ist die am häufigsten anzutreffende Form von Werbung (vgl. Kroeber-Riel et al. 2008, S. 602 f.).

et al. (2008, S. 598) ist informative Werbung besonders wirksam, wenn die Informationsdarbietung

- auf die kognitiven Fähigkeiten der Rezipienten abgestimmt ist und
- eine überzeugende Argumentation beinhaltet.[11]

Das Verstehen und die gedankliche Weiterverarbeitung der kommunizierten Information reichen aber noch nicht aus, um das Verhalten zu beeinflussen. Die kognitiven Vorgänge müssen zu einer verhaltenswirksamen Einstellung und Handlungsintention führen. Dies wird laut Kroeber-Riel et al. (2008, S. 598) dadurch erreicht, dass die Produktinformationen den Erwartungen des Rezipienten entsprechen und von diesem positiv bewertet werden. Die beschriebene Form der Einstellungsänderung baut somit auf der Wahrnehmung und Bewertung von Information, d.h. auf kognitiven Prozessen, auf. Aus der neu gewonnenen Einstellung folgen dann u.U. Kaufabsicht und tatsächliches Kaufverhalten.

Sind die Rezipienten in geringerem Maße involviert, so nimmt die informative Beeinflussung nach Kroeber-Riel et al. (2008, S. 598) einen völlig anderen Verlauf. Eine umfangreiche Informationsverarbeitung ist unter der Low-Involvement-Bedingung nicht möglich. Die schwache Aufmerksamkeit bei der Informationsaufnahme und die geringe kognitive Verarbeitungstiefe lassen nur eine Vermittlung von wenigen und leicht verständlichen Informationen zu. Der Rezipient lässt sich stark vom Kontext der dargebotenen Werbung beeinflussen, wie z. B. der Werbemittelgestaltung und der Aufmachung der Information. Erst nach dem Kauf lernt er das Produkt kennen, nimmt dessen Eigenschaften wahr und bildet eine Einstellung (Kroeber-Riel et al. 2008).

Das Wirkungsmuster einer informativen Werbung bei niedrigem Involvement lautet: „Werbekontakt → schwache Aufmerksamkeit → kognitive Wirkung → Verhalten → Einstellung".

Emotionale Werbung löst in erster Linie emotionale Prozesse aus. Wird die Werbebotschaft von einem hoch involvierten Rezipienten verarbeitet, so wirken die emotionalen Prozesse als Mediatoren auf die nachgelagerten kognitiven Prozesse. Weiterhin ist es möglich, dass emotionale Prozesse die Einstellungsänderung direkt beeinflussen. Das Wirkungsmuster für emotionale Werbung bei hoch involviertem Rezipienten stellt sich wie folgt dar (Kroeber-Riel et al. 2008): „Werbekontakt → starke Aufmerksamkeit → emotionale Wirkung → kognitive Wirkung → Einstellung → Verhalten".

Bei niedrigem Involvement wirkt emotionale Werbung nach dem Prinzip der Konditionierung. Der von der emotionalen Werbung ausgehende Reiz wird auf das beworbene Produkt übertragen. Es ist – ausgelöst durch den emotionalen Reiz – möglich,

---

11 Dies könnten beispielsweise die Regeln der zweiseitigen Argumentationstechnik sein, nach denen eine informative Werbung besser wirkt, wenn nicht nur Argumente für, sondern auch solche gegen das beworbene Produkt vorgetragen werden (vgl. dazu auch Faison 1980, S. 236 ff.; Kroeber-Riel und Meyer-Hentschel 1982, S. 178).

dass sich der Rezipient kognitiv mit der Werbebotschaft auseinandersetzt. Die Verarbeitungstiefe bleibt jedoch gering und die kognitiven Prozesse bedingen letztlich nur die Verfestigung der Einstellung. Das Wirkungsmuster für emotionale Werbung bei Rezipienten mit geringem Involvement lautet (Kroeber-Riel et al. 2008): „Werbekontakt → schwache Aufmerksamkeit → emotionale Wirkung → Einstellung → Verhalten".

Das Ziel gemischter Werbung ist es, sowohl zu informieren als auch emotionale Erlebnisse zu vermitteln (Kroeber-Riel et al. 2008). Sie löst emotionale wie kognitive Wirkungen mit ähnlicher Intensität aus. Obwohl Kroeber-Riel et al. (2008, S. 602) davon ausgehen, dass gemischte Werbung die am häufigsten anzutreffende Form der Werbung ist, verzichten sie dennoch auf eine ausführliche Darstellung der entsprechenden Wirkungsmuster. Diese ergeben sich als Kombination der Wirkungsmuster bei informativer und emotionaler Werbung. Auch bei der gemischten Werbung ist die Unterscheidung zwischen starkem und schwachem Involvement wesentlich: Bei starkem Involvement laufen ausgeprägte emotionale und informative Prozesse der Einstellungsbildung ab. Bei schwachem Involvement erfolgt die Einstellungsbildung auf peripherem Weg, d. h., nebensächliche, gefällige Gestaltungselemente und Darbietungsformen der Werbung bedingen die Einstellung zum Produkt (Kroeber-Riel et al. 2008).

Das Modell der Wirkungspfade beschränkt, sich darauf, das Aufeinandertreffen von Werbestimulus und Rezipient in der Größe „Werbekontakt" zu beschreiben. Der Werbestimulus ist nicht isoliert zu betrachten, sondern ist Teil der gesamten Reizkonstellation (Howard und Sheth 1969). Wie sich die Reizkonstellation insgesamt zusammensetzt, wird im Modell jedoch nicht erklärt. Dies stellt insofern einen Mangel dar, als der Werbetreibende durch entsprechende Gestaltung seiner Werbung gezielt auf die Reizkonstellation Einfluss nehmen kann.[12]

7.2 Instrumente der Kommunikationspolitik

Kommunikationspolitik steht heute vor mannigfachen Herausforderungen: Informationsüberlastung ist ein Phänomen, das sich durch die einfache Verfügbarkeit und die Digitalisierung der Massenmedien in Zukunft eher noch verstärken wird. Veränderungen auf den Absatzmärkten beeinflussen auch die Kommunikationspolitik der Unternehmen. Viele Gütermärkte weisen immer kürzere Produkt- und Marktzyklen sowie zunehmende Homogenität der angebotenen Produkte auf. Weitere Problemfelder zeigen sich in einer veränderten Medienstruktur sowie der demographischen und sozialen Entwicklung der Rezipienten. Bedingt durch diese Tatsache und durch das

---

12 Rogge (1993, S. 269) unterscheidet bzgl. der Reizkonstellation u. a. in Gestaltungsfaktoren der Werbung (u. a. Copyform) und Rahmenfaktoren der Werbung (Produkte, Medium) (vgl. dazu z. B. Assael 1992, S. 544 ff.; Becker 2006, S. 714 ff.).

7.2 · Instrumente der Kommunikationspolitik

veränderte Nutzungsverhalten im Medienkonsum bzw. der steigenden Antipathie und Werbemüdigkeit der Rezipienten gegenüber den klassischen Werbeblöcken, verschieben sich auch die Werbeziele (Wilbur 2008). Sie entfernen sich immer weiter von der klassischen Awareness hin zu der Suche nach Wegen, um Produkte verstärkt in das tägliche Leben der Konsumenten zu integrieren (Arvidsson 2006). In der schnelllebigen Welt von heute sind Werbebotschaften omnipräsent; traditionelle Werbung zeigt immer geringere Erfolge. Um zu gewährleisten, dass Zielgruppen weiterhin effektiv und effizient mit Werbung angesprochen werden können, musste ein Weg über die traditionellen Werbemethoden hinausgehend gefunden werden. Konsumenten sind heute in vielen Fällen den Kommunikationsbotschaften werbetreibender Unternehmen überdrüssig. Neben der Tatsache, dass der Mensch heutzutage von Werbung überflutet wird, gibt es nach Wilbur (2008, S. 144) mehrere Faktoren warum die Zuschauer klassische TV Werbung immer mehr meiden. Erstens haben substituierbare Tätigkeiten, wie Gespräche führen oder andere Sendungen auf konkurrierenden Kanälen anschauen, einen höheren Interessenfaktor. Zuschauer vermeiden zudem in ihren Augen unkreative Werbesendungen oder auch Werbespots, die sie schon oft gesehen haben. Ist der Zuschauer am beworbenen Produkt nicht interessiert, so ignoriert er auch die dazugehörige Werbung. Diese sinkende Akzeptanz der klassischen Werbeblöcke bezeichnet Cornwell (2008, S. 41) mit den Worten „mass media advertising […] is on its deathbed". Bedingt durch den schwindenden Interessefaktor an den klassischen Werbeblöcken suchen Unternehmen immer mehr nach neuen Wegen in der Werbung, um den Rezipienten zu erreichen (Glaister 2005). Dies bestätigt auch Leonard (2004, S. 93): „companies are abandoning old rules of marketing".

Die Herausforderung für Marketing-Manager besteht also darin ihre kommunikativen Inhalte trotzdem in der Zielgruppe zu verbreiten, um die erwünschten kommunikativen Wirkungen zu erzielen. Dazu bedarf es eines ausgeklügelten Mix an traditionellen und innovativen Kommunikationsinstrumente und -kanäle, die unter Einhaltung des Kommunikationsbudgets gezielt eingesetzt werden müssen. Die einzelnen Kommunikationsinstrumente werden dabei auf ihre spezifische Eignung zur Erreichung der Kommunikationsziele hin untersucht und zu einem möglichst wirkungsvollen Kommunikations-Mix kombiniert. Die Kommunikationspolitik bedient sich dabei der Instrumente Werbung, Öffentlichkeitsarbeit, Verkaufsförderung, Corporate Identity, Product Placement, Sponsoring, und Events.

Die eingesetzten Kommunikationsinstrumente und -kanäle sind im Sinne einer integrierten Kommunikation genau zu choreographieren (vgl. ◘ Abb. 7.4). Integrierte Kommunikation bedeutet also abgestimmtes kommunikatives Handeln bezüglich Kommunikationsinstrumenten, -medien, -druck und -timing. Integrierte Kommunikation erfordert entsprechend einen unternehmensweiten Abgleich von Kommunikationsthemen, -zielen und -zielgruppen. Zielgruppenübergreifende Abstimmung der Kommunikation betrifft sowohl die interne, als auch die externe Kommunikation an Verwender, Käufer und den Handel. Integrierte Kommunikation erfolgt produkt-

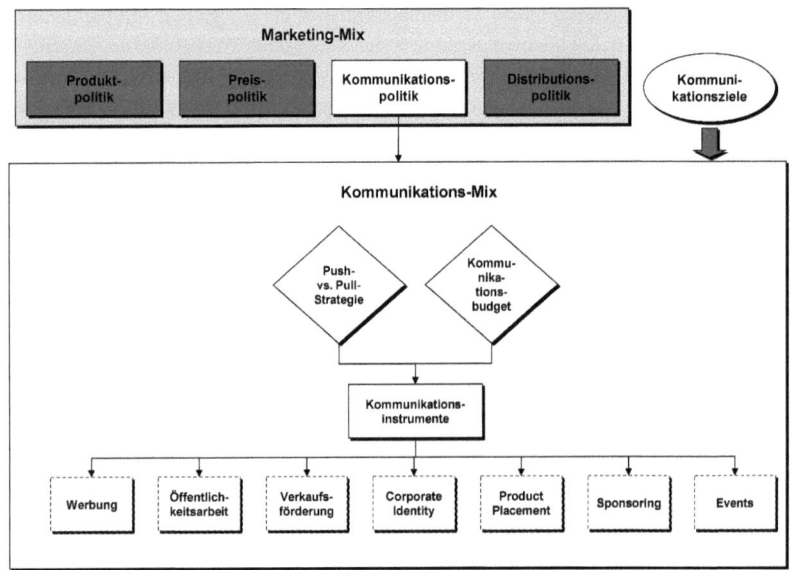

◘ Abb. 7.4 Ableitung der Kommunikationsmaßnahmen

und länderübergreifend. Durch ihren Einsatz lassen sich Synergieeffekte (z. B. weniger Werbewiederholungen, verstärkter Wiedererkennungswert) erzielen, die eine effektivere Kommunikation ermöglichen und im aktuellen Kommunikationswettbewerb unabdingbar sind. Das Fehlen einer integrierten Kommunikation birgt verschiedene Risiken. So führt die Diskrepanz zwischen interner und externer Kommunikation zu Irritationen bei Kunden und Mitarbeitern. Eine zu starke Differenzierung einzelner Kommunikationsinstrumente gefährdet ein konsistentes Erscheinungsbild des Unternehmens am Markt und erschwert dadurch ganz wesentlich den Aufbau eines kohärenten Images.

Die Kommunikationsziele eines Unternehmens leiten sich aus den strategischen und operativen Unternehmenszielen ab und werden stark durch unternehmensinterne und -externe Analysen und Gegebenheiten beeinflusst (Thommen und Achleitner 2012). Zur Erreichung der festgelegten Kommunikationsziele werden die unterschiedlichen Kommunikationsinstrumente unter Berücksichtigung des Kommunikationsbudgets sowie der übergreifenden Push- (d. h. intermediärorientierten) bzw. Pull- (d. h. endkundengerichteten) Strategie kombiniert und zum Kommunikations-Mix zusammengefasst, der aus klassischen und nicht-klassischen Instrumenten bestehen kann. Die nicht-klassische Werbung hat in den letzten Jahren durch die Entwicklung neuer Kommunikationselemente stark zugenommen und ist eine Ergän-

7.2 · Instrumente der Kommunikationspolitik

zung zu den traditionellen, klassischen Werbemitteln wie Werbung, Öffentlichkeitsarbeit und Verkaufsförderung (Hermanns 1997). Zu den populärsten nicht-klassischen Kommunikationsinstrumenten gehören Product Placement, Sponsoring und Events.

Die klassische Werbung ist auch im Informations- und Internetzeitalter noch das wichtigste Instrument im Kommunikations-Mix der Unternehmung. Unter diese Kategorie fallen üblicherweise Kommunikationsmaßnahmen, die sich Print- und/oder audiovisuelle Medien als Werbeträger bedienen. Als **Werbeträger** wird dabei das Medium bezeichnet, das die eigentliche Werbebotschaft mit Hilfe von Gestaltungsmitteln (den so genannten Werbemitteln[13]) zum Empfänger in der Zielgruppe transportiert. Printmedien sind z. B. Zeitungen, Publikums-, Special Interest- und Fachzeitschriften. Zu den audiovisuellen Medien gehören u. a. Kino, Fernsehen, Hörfunk oder auch das Internet.[14] Bei einem Großteil der Werbeträger in der klassischen Werbung handelt es sich also um Massenmedien.

Open-Source-Marketing kann den Unternehmen neue Spielräume eröffnen, um mit dem Kunden zu kommunizieren, seine Wünsche und Bedürfnisse zu erforschen und Marke sowie Angebot künftig besser darauf abstimmen zu können. Eine durchdachte und intensive Planung dieser Aktionen kann dazu beitragen, die Gefahren und negativen Auswüchse dieser Form des Marketings zu verringern, bzw. ihnen angemessen entgegen zu treten. Es gibt allerdings auch Gegner dieses Ansatzes, die argumentieren, dass die Zukunftsfähigkeit der Firmen aufgrund mangelnder Innovationen beschnitten werde. Das so genannte kundengetriebene Marketing führt ihrer Auffassung nach nur zu inkrementellen Neuerungen und ist für große Änderungen hinderlich, da diese oftmals eher weniger Akzeptanz bei den Verbrauchern finden.

> **Merke!**
>
> **Public Relations (PR) bzw. Öffentlichkeitsarbeit** bezeichnet die Politik des Werbens um das Vertrauen der Öffentlichkeit durch das Management von Informations- und Kommunikationsprozessen zwischen Unternehmen (oder allgemeiner Organisationen) einerseits und ihren externen oder internen Umwelten (Teilöffentlichkeiten) andererseits.

Sie wendet sich an die gesamte Öffentlichkeit und zielt darauf ab, Unternehmensziele besser realisieren zu können. Öffentlichkeitsarbeit steht also für öffentliche Kommuni-

---

13 Werbemittel in diesem Sinne sind z. B. Printanzeigen, Plakate, Radio- oder Fernsehspots oder auch Pop-Ups.
14 Eine normierte Kostenmessung für einen Werbeträger wird durch den so genannten Tausender-Kontakt-Preis (TKP) durchgeführt, der den Preis für 1000 mittels des Werbeträgers erreichte potenzielle Interessenten (Kontakte) misst.

kation, die für eine Organisation Funktionen wie Information, Kommunikation und Persuasion erfüllt und besonders auf langfristige Ziele wie den Aufbau und Erhalt eines konsistenten Images und somit von Vertrauen abzielt, an einem Konsens mit den Teilöffentlichkeiten in der Umwelt der Organisation interessiert ist und so auch im Fall von Konflikten glaubwürdiges Handeln der Organisation ermöglichen soll. Besondere Aufmerksamkeit wird dabei allen Stakeholdern der Organisation zuteil, also etwa Bürgern, Bürgerinitiativen, dem Gesetzgeber, Kapitalgebern, Kunden, Lieferanten, Medien, Mitarbeitern, usw. Hierzu stehen der Unternehmenspraxis eine Reihe von Kommunikationsinstrumenten zur Verfügung: Pressearbeit (z. B. Pressemitteilung, Pressekonferenz, Beantwortung von Presseanfragen, Interview), Mediengestaltung (z. B. Geschäftsbericht, Broschüre, Newsletter), Veranstaltungsorganisation (z. B. Konferenz, Seminar, Verbraucherveranstaltung), interner Kommunikation (z. B. Mitarbeiterzeitschrift und -veranstaltung) und diversen Sponsoringaktivitäten (Broom et al. 1994).

Grundsätzlich können Blogs als öffentliche Online Tagebücher betrachtet werden, die mit Zeitstempel versehene Einträge in umgekehrter Reihenfolge anzeigen. Dabei haben User meist die Möglichkeit zur Interaktion mit dem Autor, z. B. durch ein Kommentarformular. Auf Grund ihres Ursprungs – Blogs sind das Pendant zur persönlichen Homepage – ist die verbreitetste Form von Blogs die Textform. Allerdings haben sich mit der Entwicklung neuer technischer Möglichkeiten auch andere Formen von Blogs wie z. B. Video-Blogs gebildet (Kaplan und Haenlein 2010). Zahlreiche Unternehmen haben den Blog als Kommunikationsmittel für sich entdeckt. Blogs werden u. a. dafür eingesetzt, Mitarbeiter, Kunden oder Shareholder über aktuelle und relevante Themen zu informieren.

Soziale Netzwerke sind in der Regel Seiten im Internet, auf denen sich User ein Profil anlegen und darin persönliche Daten hinterlegen. Diese Profile können neben Namen und jeglichen anderen persönlichen Informationen auch Bilder, Videos und anderen Inhalt enthalten. Auch für Unternehmen werden soziale Netzwerke immer attraktiver. So sind z. B. verschiedene Funktionen in solchen Communities als reine Werbemaßnahmen ausgelegt und bieten Unternehmen eine Chance auf einen großen Datenpool und entsprechende Nutzerdatenbanken zuzugreifen (Kaplan und Haenlein 2010). Neben der Einrichtung von Online-Shops in sozialen Netzwerken als zusätzlicher Distributionskanal sind soziale Netzwerke für Unternehmen in erster Linie eine neue Kommunikationsplattform. Zum einen bieten diese meist einen sehr schnellen Weg Nachrichten einem großen Publikum zugänglich zu machen und zum anderen sind die Nutzer persönlich bekannt, da jeder an der Diskussion Beteiligte ein eigenes Profil angelegt haben muss und somit eindeutig zu identifizieren ist (Kaplan und Haenlein 2010).[15]

---

15 Man kann sogar noch weiter gehen und den Zugang zum eigenen Profil nur denjenigen Personen zu ermöglichen, denen man den Zugang ausdrücklich erlaubt, oder die man vorher zur Nutzung der Informationen eingeladen hat.

7.2 · Instrumente der Kommunikationspolitik

Viele Unternehmen haben Twitter für sich entdeckt. Durch viele technische Möglichkeiten, u. a. die Einbindung der Nachrichten als sog. RSS Feeds in Email-Clients wie Microsoft Outlook, bietet Twitter eine interessante Möglichkeit Kunden (insbesondere im B2B-Bereich) schnell und unkompliziert anzusprechen und mit den aktuellen Unternehmensinformationen zu versorgen. Unternehmen nutzen Twitter – wie Facebook – auch im Personalmarketing.

> **Merke!**
>
> Die **Verkaufsförderung** ist ein zeitlich und marktsegmentspezifisch gezielt einzusetzendes Instrument der Kommunikationspolitik. Sie dient der Aktivierung der Marktbeteiligten (wie z. B. eigene Vertriebsmitarbeiter, Händler, Kunden) mit dem Ziel der Erhöhung der Verkaufsergebnisse durch personen- und sachbezogene Zusatzleistungen zum Kernangebot.

Man unterscheidet entsprechend Außendienst-, Händler- und Kunden-Promotionen.

- Bei der Außendienst-Promotion ist die Zielgruppe der eigene Vertrieb. Durch Schulungen, Fahrzeug, Fortbildungen, Unterstützungsmaßnahmen (z. B. Prospekte) und Motivation (z. B. Prämien, Außendienstwettbewerbe) sollen die Verkäufer zur intensiveren Marktbearbeitung angeregt werden.
- Im Rahmen einer Händler-Promotion erhalten die Handelspartner spezielle Informationen über Produkte oder zur Ladengestaltung sowie Aufsteller und Displays z. B. für Sonder- oder Zweitplatzierungen am Point-of-Sales. Gemeinsam mit dem Handel werden im Zuge einer Promotion z. B. Aktionen zum Abverkauf von Neuprodukten durchgeführt. Die Händler werden dabei z. B. über besondere Mietzuschüsse bzw. Bonussysteme motiviert.
- Kunden-Promotionen werden oft in Ergänzung der Händlerunterstützung etwa durch Preisausschreiben, Sonderpackungen, Packungen mit Zusatznutzen, Proben und Verkostung im Einzelhandel durchgeführt. Im Bereich des Investitionsgütermarketing oder für spezielle Multiplikatoren (wie z. B. Ärzte oder Apotheker im Pharmabereich, Ski-, Tennis- oder Golflehrer in der Sportartikelbranche) werden z. B. Fachkonferenzen oder Auslandstagungen angeboten. Hier steht neben dem Informationszweck oft auch ein Incentivegedanke im Vordergrund. Ziel aller dieser Maßnahmen ist es, beim Endverbraucher eine verstärkte Nachfrage zu erzeugen.

Durch Verkaufsförderung soll insbesondere die Media-Werbung ergänzt sowie die Effektivität des Handels erhöht werden. Käufer werden am Point-of-Sales mit speziellen Maßnahmen und Methoden direkt angesprochen.

> **Merke!**
>
> **Corporate Identity (Unternehmensidentität oder -persönlichkeit)** wird als ganzheitliches Strategiekonzept verstanden, das alle nach innen bzw. außen gerichteten Interaktionsprozesse steuert und das ein einheitliches Dach für die gesamte Kommunikation und das Erscheinungsbild des Unternehmens liefert.

Corporate Identity zielt auf die Schaffung einer unternehmensspezifischen Identität ab, durch die ein widerspruchsfreies und einheitliches Bild eines Unternehmens entsteht und die die Verhaltensweise eines Unternehmens nach innen und außen steuert. Durch die Auflösung traditioneller Unternehmensstrukturen, die Diversifikation von Unternehmen und ihre zunehmende Internationalisierung hat die Schaffung bzw. Bewahrung einer einheitlichen Unternehmensidentität seit den 80er Jahren einen enormen Bedeutungszuwachs erfahren.

Corporate Identity wird durch das Erscheinungsbild (**Corporate Design**), die Kommunikation (**Corporate Communications**) und das Verhalten (**Corporate Behaviour**) vermittelt. Um einen Zustand der Harmonie zu erreichen und von außen als authentisch wahrgenommen zu werden, müssen die verschiedenen Instrumente in einem Identitäts-Mix aufeinander abgestimmt sein und im Einklang stehen (Lenzen 1996):

- Das **Corporate Design** wird geprägt von konstanten Gestaltungselementen wie dem Logo, den Hausfarben, der Hausschrift, der typographisch gestalteten Form des Slogans, den Gestaltungsrastern und den stilistischen Sollvorgaben für Abbildungen, Fotos und andere Illustrationselemente. Diese Konstanten bestimmen das Design aller visuellen Äußerungen des Unternehmens: der Produkte und ihrer Verpackung, der Kommunikationsmittel, der Architektur und weiterer Sonderbereiche wie des Fotodesign, der Beschilderung, der Gebäudebeschriftung und mitunter sogar der Arbeitskleidung.
- **Corporate Communications** bezeichnet die Gesamtheit sämtlicher Kommunikationsinstrumente und -maßnahmen eines Unternehmens, die eingesetzt werden, um das Unternehmen und seine Leistungen den relevanten Zielgruppen der Kommunikation darzustellen. Die Corporate Communications vermitteln die Firmenidentität durch strategisch geplante, widerspruchsfreie Kommunikation. Corporate Behaviour ist schließlich das konsequent an der Identität ausgerichtete Verhalten der Mitglieder des Unternehmens untereinander und nach außen. Das Verhalten muss schlüssig und stimmig sein – das Unternehmen darf weder in seiner Produktpolitik noch in der Sozialpolitik, der Finanzpolitik und der Vertriebspolitik von den vereinbarten Leitsätzen abweichen.
- **Corporate Behaviour** umfasst das Verhalten aller Mitglieder eines Unternehmens innerhalb und außerhalb der Organisation und verlangt nach konsistentem Handeln im Einklang mit Unternehmenskultur- und -philosophie.

7.2 · Instrumente der Kommunikationspolitik

Das Corporate Identity Management soll seine Wirkung auf alle relevanten Stakeholdergruppen des Unternehmens – Mitarbeiter, Kunden, Lieferanten, Kapitalgeber, Medien und Öffentlichkeit – entfalten. Wesentliches Ziel des Corporate Identity Management ist die Profilierung des Unternehmens bei allen Stakeholdern (Suvatjis und de Chernatony 2005). Ein konsistentes und unverwechselbares Corporate Image stellt die Basis für Glaubwürdigkeit und Vertrauen dar, trägt den gestiegenen Ansprüchen der Stakeholder Rechnung und ermöglicht Kommunikationseffizienz in der immer größer werdenden Informationsflut. Basis einer jeden Unternehmenspersönlichkeit ist die Unternehmenskultur (Corporate Culture), durch die Werthaltungen des Unternehmens und seine Normen zum Ausdruck kommen (Weinberger 2010). Unternehmenskultur, -persönlichkeit und -philosophie bilden die Identität eines Unternehmens. Die Identifikation der Stakeholder mit dem Unternehmen und dessen Werten als stabilen Bezugsrahmen ist Voraussetzung für eine langfristige Beziehungen (Herbst 2009).

Die fortschreitende Sättigung der Märkte, die zunehmende Ähnlichkeit im Werbeauftritt sowie die Informationsüberflutung des Konsumenten, die sich in einer partiellen Ablehnung werblicher Maßnahmen niederschlägt, fordert von den Unternehmen, sich kommunikativ abzugrenzen, innovative Werbeideen zu präsentieren und damit verbunden auch das Instrumentarium der Marketing-Kommunikation zu erweitern (Glogger 1999). Das **Sponsoring** ist hierzu bestens geeignet und lässt sich sehr gut im Sinne eines integrierten Marketing mit weiteren kommunikativen Maßnahmen kombinieren (Bayerl und Rennhak 2006).

„Bei einer Betrachtung der historischen Entwicklung der verschiedenen Formen der Unternehmensförderung kann generell zwischen Mäzenatentum, Spendenwesen und Sponsoring unterschieden werden" (Bruhn 2003). Beim Mäzenatentum fördern Personen, Stiftungen oder Unternehmen andere Personen oder Institutionen vordergründig aufgrund des künstlerischen, sportlichen oder sozialpolitischen Gedankens und verlangen dafür keine Gegenleistung.[16] Beim Sponsoring hingegen steht die kommunikative Gegenleistung im Vordergrund. Sponsoring lässt sich somit definieren als die Planung, Organisation und Kontrolle sämtlicher Aktivitäten, die mit der Bereitstellung von Geld, Sachmitteln, Dienstleistungen oder Know-how durch Unternehmen und Institutionen zur Förderung von Personen und/oder Organisationen in den Bereichen Sport, Kultur, Soziales und/oder Umwelt verbunden sind, um damit gleichzeitig Ziele der Unternehmenskommunikation zu erreichen (Bruhn 2003).

Das Sponsoring kann mit anderen Instrumenten der Unternehmenskommunikation vernetzt werden und so seine kommunikative Wirkung enorm steigern. Die Öffentlichkeitsarbeit ist ein weiteres wichtiges Instrument bei der Kommunikation von Sponsoringmaßnahmen. Die Öffentlichkeitsarbeit ist bei allen Sponsoringarten

---

16 Oder wie Gerhard Polt formuliert: „Der Mäzen verdient Respekt, der Sponsor Geld" (vgl. Schmidt 2006, S. 25).

möglich und ist in den Bereichen Kultur-, Sozial- und Umweltsponsoring besonders wichtig.

Mit dem Aufkommen des **Sportsponsorings** in den 70er Jahren begann die Entstehung und Entwicklung des Sponsoring als Element der Unternehmenskommunikation (Kloss 2007). Gefolgt wurde es vom Kultursponsoring in den 80er Jahren und darauf vom Sozial- und Umweltsponsoring. Neuere Sponsoringarten sind z. B. das Bildungs- und Wissenschaftssponsoring sowie das Mediensponsoring. Das Sportsponsoring ist auch heute noch die beliebteste Art des Sponsoring.[17] Die Unternehmen haben die Möglichkeit, lokale Sportveranstaltungen, nationale oder internationale Meisterschaften, Turniere und Olympische Spiele zu sponsern.

Das **Kultursponsoring** zielt im Vergleich zum Sportsponsoring oft auf eine individuellere und regionale Zielgruppenansprache und wird häufig in das Kunst- und Kultursponsoring aufgespaltet (Haibach 2002).

Beim **Sozial- und Umweltsponsoring** ist es sehr wichtig, dass sich das Unternehmen und dessen Vision und Philosophie und somit sein internes und externes Verhalten inhaltlich mit dem gesponserten Projekt deckt. Es werden ausschließlich nichtkommerzielle Gruppen und Organisationen wie karitative Einrichtungen, Selbsthilfegruppen und Verbände gestützt. Meist übersteigt die Förderung auch die rein finanzielle Ebene und wird zu einem langfristigen Engagement z. B. durch die Gründung von Stiftungen und Fonds.[18]

Zum **Bildungssponsoring**, welches in Schul- und Hochschulsponsoring unterteilt werden kann, gehören im Wesentlichen Ausschreibungen, die Vergabe von Stipendien, die Ausstattung von Lehrstühlen und die Veranstaltung von Schüler- und Studentenwettbewerben. Zum Wissenschaftssponsoring hingegen gehören die Unterstützung von Forschungsprojekten, die Vergabe von Forschungspreisen wie z. B. der Philip-Morris-Forschungspreis oder der Aufbau von eigenständigen Forschungsinstituten (Kloss 2007). Sponsoring wird in erster Linie zur Steigerung des Bekanntheitsgrades von Unternehmen, Produkten und Marken eingesetzt; es werden damit aber auch Imageziele verfolgt. Daneben wird – gerade in der Kombination mit Events – der direkte Kundenkontakt gesucht, die Kundenbindung intensiviert, die Mitarbeitermotivation erhöht und gesellschaftliche Verantwortung demonstriert (vgl. ◘ Tab. 7.3).

Sponsoring weist als Kommunikationsinstrument jedoch auch eine Reihe gewichtiger Nachteile auf: Aufgrund der indirekten Anspracheform und der ungenauen Mög-

---

17 Vgl. Kloss (2007, S. 462). Eine Unterform, die im Mannschafts- und Veranstaltungssponsoring auftritt, ist das Titelsponsoring, wobei der Firmenname im Vereinsnamen wie bei Bayer Leverkusen oder im Namen einer Veranstaltung enthalten ist wie beim Compaq Grand Slam oder bei den Panasonic German Open (vgl. Kloss 2007, S. 472).

18 Vgl. Kloss (2007, S. 450 ff.). Beispiele sind die Kooperation der Lufthansa mit der Deutschen Umwelthilfe oder die „Nummer gegen Kummer" des Deutschen Kinderschutzverbandes, die langjährig von dem Kaufhauskonzern C&A unterstützt wurde (vgl. Haibach 2002, S. 202 f.).

7.2 · Instrumente der Kommunikationspolitik

Tab. 7.3 Sponsoringziele. (Boochs 2000)

Sponsoringziel	Erläuterung
Bekanntheit	– Kommunikation von Firmenname und/oder Logo; sonstige Referenzierung auf das Engagement 5
	– Besonders erfolgreich bei Großveranstaltungen wie Sportveranstaltungen oder Musik-Festivals und der Nutzung von Massenmedien
Image	– Transfer der positiven Imagemerkmale des Gesponserten auf das Unternehmen oder Produkt, so dass Akzeptanz, Sympathie oder Vertrauen aufgebaut werden
	– Sportsponsoring z. B. fördert positive Attribute wie Dynamik und Leistungsfähigkeit und Kultursponsoring Imagemerkmale wie Exklusivität oder Prestige
	– Demonstration der Leistungsfähigkeit z. B. durch Ausrüstung im Sportbereich
Kundenkontakt/ Kundenbindung	– Einladung von unternehmensrelevanten Gästen (Kunden, Partnern, Meinungsführern)
	– Ansprache von schwer erreichbaren Zielgruppen und Aufbau von Geschäftsbeziehungen
Mitarbeitermotivation	– Erhöhte Identifikation der Mitarbeiter mit dem Unternehmen
	– Einbindung bei Sponsoringaktivitäten z. B. durch die Vergabe von Tickets oder der Freistellung zur Teilnahme an Sozial- und Umweltmaßnahmen
Gesellschaftliche Verantwortung	– Schaffung von Vertrauen und Akzeptanz
	– Auch zur Stärkung einer Region oder Standortaufwertung
	– Insbesondere erreichbar durch Kultur-, Sozial-, Umwelt- und Wissenschaftssponsoring

lichkeit der Kostenzurechnung, ist eine Reichweitenplanung und somit eine genaue Erfolgskontrolle schwierig (Pepels 2007). Die Kommunikationswirkung hängt zudem von unkontrollierbaren Einflussfaktoren ab, die mit dem Gesponserten zusammenhängen und sich negativ auf das sponsernde Unternehmen auswirken können (Wünschmann et al. 2004). So können Skandale wie Dopingaffären im Sport, nicht markenkonformes Auftreten des Gesponserten oder Trendwendungen in der Gesellschaft auch auf das Unternehmen übertragen werden und im schlimmsten Fall zu einem Imageverlust führen. Ein weiterer Nachteil ist, dass sich die Sponsoring-Maßnahmen meist auf kurze, visuelle Botschaften wie Unternehmensnamen oder -logos beschränken und so nur eine begrenzte Informationsübermittlung ermöglichen (Wünschmann et al. 2004). Das bedeutet, dass schon vor Durchführung einer Sponsoringmaßnahme ein hinreichender Bekanntheitsgrad bestehen sollte, da Sponsoring alleine keine Möglichkeit für eine Produkt- oder Dienstleistungserklärung bietet. Die Kommunikation von weit reichenden Informationen ist dann in Verbindung mit anderen Marketing-Maßnahmen möglich wie z. B. in der Öffentlichkeitsarbeit. Zusätzlich herrscht in einigen Bereichen ein Überfluss an Sponsoren, so dass es zu einer nahezu ähnlichen Informationsüberflutung wie in der klassischen Werbung kommen kann (Kloss 2007).

> **Merke!**
>
> **Product Placement** hat, unabhängig davon wie präzise oder unpräzise der Begriff in der Literatur definiert ist, folgende Eigenschaften: Das platzierte Produkt, dessen werbliche Intuition durch dramaturgische Notwendigkeit als Pseudorequisite getarnt werden soll, wird durch die Kooperation zwischen einem Markenartikelhersteller und dem Produzenten für eine Gegenleistung in einen Film, ein Buch, in den Hörfunk oder in ein Videospiel integriert.

Die Darstellung der Marke im positiven, redaktionellen Umfeld erfolgt gegen Geld oder vermögenswerte Leistungen unter Beachtung der ethisch-moralischen Grundsätze.[19]

Product Placement wird heute hauptsächlich von Unternehmen angewandt, die Markenartikel herstellen. Beim Service Placement wird die Nutzung der beworbenen Dienstleistung im entsprechenden Massenmedium dargestellt. Information Placement wird für redaktionelle Beiträge in Informationssendungen, Magazinen oder im Internet verwendet. Beim Corporate Placement steht nicht das Produkt im Vordergrund, sondern die Firma beziehungsweise das Unternehmen an sich. Hier wird beispielsweise das Unternehmen direkt genannt oder es wird ein Logo gezeigt (Frank und Rennhak 2010).

Beim Product Placement binden Hersteller Ihre Markenartikel gezielt zu gewerblichen Zwecken in die Handlung eines Films ein. Man vermeidet durch weniger aggressive Werbung eine ablehnende Haltung beim Konsumenten und erreicht somit

---

19 Vgl. Auer und Kalweit (1988). Diese Definition lässt erahnen, dass Product Placement in jeglichen Medien eingesetzt werden kann. Trotz der Zunahme von Product Placement in Print-, Audio- und TV-Medien, ist der Kinofilm immer noch der zentrale Einsatzort des Product Placement. Deshalb soll der Fokus der nachfolgenden Diskussion ausschließlich auf Product Placement in Kinofilmen aus Hollywood liegen.

7.2 · Instrumente der Kommunikationspolitik

Tab. 7.4 Kategorisierung des Product Placement. (Frank und Rennhak 2009)

Unterscheidungs-merkmale	Formen	Beschreibung
Art der Informationsübermittlung	Visual Placement	Platzierung im Bild
	Verbal Placement	Nennung des Produktes
Art des Placement Objekts	Product Placement im eigentlichen Sinn	Platzierung von Markenartikeln
	Image Placement	Platzierung von Imagefaktoren
	Corporate Placement	Platzierung von Unternehmen
	Service Placement	Platzierung von Dienstleistungen
	Generic Placement	Platzierung von Warengruppen
	Location Placement	Platzierung eines Ortes
	Music Placement	Platzierung eines Musiktitels
	Innovation Placement	Platzierung neuer Produkte
	Historic Placement	Platzierung von historischen Gegenständen
	Message Placement	Platzierung von Slogans
Grad der Integration	On-Set Placement	Produkt als Requisite
	Creative Placement	Handlung wird um das Produkt konzipiert

eine Steigerung der Effizienz der Werbebotschaft. Das zu bewerbende Produkt wird beim Product Placement idealerweise passend in eine Filmszene integriert. Beim gut inszenierten Placement fällt dem Zuschauer die Verwendung eines bestimmten Produktes bzw. einer bestimmten Marke überhaupt nicht auf, da diese notwendiger Teil einer Handlung ist.

Über die genaue Kategorisierung von Product Placement ist sich die Wissenschaft bis dato noch nicht einig (Auer und Kalweit 1988). Grundsätzlich kann jedoch nach Art der Informationsübermittlung, Art des Placement Objekts und Grad der Integration unterschieden werden (vgl. ◘ Tab. 7.4).

Bei der Vielzahl der Placement-Möglichkeiten wird das Verhalten des Rezipienten, wie in ◘ Abb. 7.5 veranschaulicht, jeweils unterschiedlich beeinflusst (Yang und Roskos-Ewoldsen 2007).

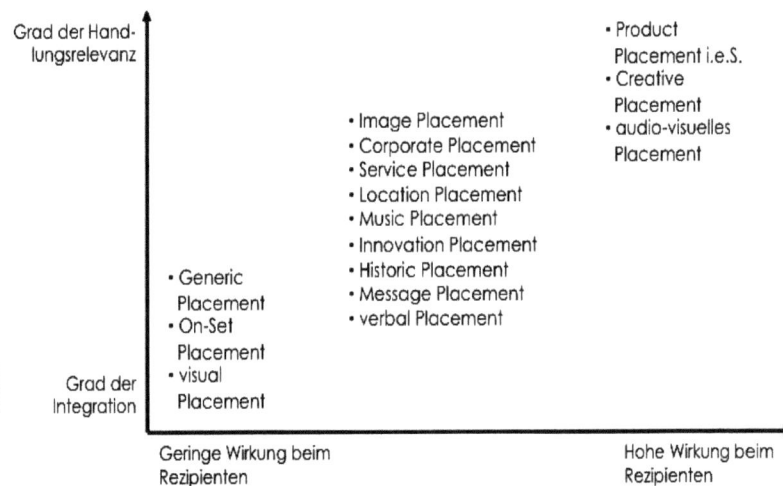

☐ **Abb. 7.5** Überblick der Erfolgsfaktoren. (Yang und Roskos-Ewoldsen 2007)

Während das Generic Placement das Placement mit der geringsten Wirkung ist, hat das Product Placement im engeren Sinn das größte Wirkungspotential beim Rezipienten (Ramme et al. 2008). Reines On-Set Placement erzielt dementsprechend auch deutlich schlechtere Erinnerungswerte als das Creative Placement. Synonym verhalten sich das Visual und Verbal Placement (Brennan und Babin 2004). Die sprachliche Integration eines Produkts erhöht im Vergleich zu einer simplen optischen Darstellung die Erinnerungsleistung beim Zuschauer deutlich. Eine Verbindung beider Komponenten erreicht jedoch die maximale Wirkung (Cowley und Barron 2008). Um eine optimale Wirkung beim Zuschauer zu erzielen sollte des Weiteren der Grad der Handlungsrelevanz[20] bei der Platzierung höher sein als der Grad der Integration (Zipfel 2009).

Neben den Triebkräften wie Information Overload und Ausdifferenzierung des Mediaangebots, Marktsättigung und Ausreifung des Produktportfolios (Christensen et al. 2006), die Unternehmen veranlassen in immer stärkerem Maße auf innovative Kommunikationsinstrumente wie Sponsoring oder Product Placement zu setzen, beeinflussen auch gesellschaftspolitische Faktoren das Kommunikationsumfeld von Unternehmen (Krüger und Rennhak 2006). Zur Beschreibung verschiedener gesellschaftlicher Veränderungen wird häufig der Begriff des Wertewandels herangezogen (Drengner 2003). Ein Wandel dieser Werte findet derzeit z. B. in der zu beobachtenden Erlebnisorientierung der Gesellschaft statt. Erlebnisorientierung meint nach Schulze (1997, S. 736), „sein

---

20 D. h. Integration des Produktes bzw. der Marke in die Handlung des Films (vgl. Zipfel 2009, S. 154 f.).

7.2 · Instrumente der Kommunikationspolitik

Handeln an dem Ziel auszurichten, vorübergehende psychophysische Prozesse positiver Valenz (…) bei sich selbst herbeizuführen". Triebfeder der Erlebnisorientierung ist also nicht der Bedarf, sondern der Wunsch (Opaschowski 2001). Aus diesem kollektiven Erlebniswunsch heraus haben sich geradezu „Erlebnismärkte" gebildet (Müller 2002). Vielerorts sind in der letzten Zeit so genannte „Erlebniswelten" entstanden, wie etwa die Autostadt Wolfsburg[21] oder das Tropical Island Resort Berlin-Brandenburg[22].

Eng mit der Erlebnisorientierung ist die Entwicklung vom Versorgungs- zum Erlebniskonsum verknüpft (Müller 2002). Während der Versorgungskonsum zur Befriedigung der Grundbedürfnisse als Pflicht empfunden wird, fußt der Erlebniskonsum auf dem Wunsch, „ein schönes Leben haben zu wollen". Unternehmen reagieren auf die neuerliche Erlebnisorientierung ihrer Kunden und investieren zunehmend in so genanntes Event-Marketing, wobei der Begriff in Wissenschaft und Praxis mittlerweile inflationär genutzt wird (Zanger und Drengner 2004, S. 23 ff.).

Die inflationäre Verwendung des Event-Begriffs mag dazu beitragen, dass in der heutigen Fachliteratur weder ein allgemeingültiges Verständnis von Events, noch von Event-Marketing zu finden ist. Auffällig ist auch, dass weithin nicht zwischen den Begriffen Event, Marketing-Event und Event-Marketing differenziert wird, was das Verständnis dieser Termini zusätzlich erschwert.[23] Das Fehlen einheitlicher Begriffskonventionen mag der Tatsache geschuldet sein, dass die wissenschaftliche Auseinandersetzung mit der Thematik gerade erst im Entstehen begriffen ist (Bauer et al. 2003). Doch auch in der Praxis hat sich bisher kein Konsens über das Event-Verständnis bzw. die Verwendung der darauf aufbauenden Begriffe herausgebildet (Zanger und Drengner 2004). Zanger und Drengner (2004) zeigen z. B. auf, dass das „Eventverständnis" – die Autoren subsumieren unter diesem Begriff die Assoziationen der Befragten zu Event und Event-Marketing – von Unternehmen sich von dem der Event-Agenturen unterscheidet. Die Unternehmen assoziieren den Eventbegriff vor allem mit „Veranstaltung", der operativen Umsetzung von Veranstaltungen, und den Einsatz von Veranstaltungen als Kundenbindungsmaßnahme. Die befragten Event-Agenturen assoziieren hingegen am häufigsten die erlebnisorientierte Kommunikation, gefolgt von Event-Marketing als eigenständigem Kommunikationsinstrument, und der Umsetzung von Events.

---

21 ▸ www.autostadt.de.
22 ▸ www.my-tropical-island.com.
23 Nufer (2006). Bei dem Begriff des Events handelt es sich offensichtlich um ein Wort aus dem englischen Sprachraum. Die sich daher anbietende Betrachtung der etymologischen Bedeutung des Begriffs führt zu der Beschreibung von Events als „something that happens, especially something important, interesting or unusual". In der deutschen Übersetzung wird Event als Ereignis, Geschehnis, oder als sportliche Veranstaltung bzw. Wettkampf umschrieben. Die Verwendung der Artikel „der" und „das", in Verbindung mit dem Begriff Event, ist laut Duden korrekt.

Aus der vorherrschenden Unschärfe des Eventverständnisses in Wissenschaft und Praxis ergibt sich die Notwendigkeit zur Konkretisierung der Begrifflichkeiten. Wir definieren in Anlehnung an Drengner (2003, S. 3): Eventmarketing ist ein eigenständiges, dialogorientiertes Kommunikationsinstrument, mit dessen Einsatz die kommunizierten Botschaften dem Event-Nachfrager durch emotionale Stimulierung erlebbar gemacht werden. Event-Marketing beinhaltet die zielorientierte, systematische Planung, konzeptionelle und organisatorische Vorbereitung, Realisierung und Nachbereitung von Events.

7.3 Messung der Kommunikationswirkung

In der Literatur findet sich eine ganze Reihe von Vorschlägen zur Systematisierung von Tests zur Messung der Kommunikationswirkung.[24] So unterscheiden z. B. Berekoven et al. (2009) nach
- dem Untersuchungsanliegen in Pre- und Posttests,
- nach der Art der zu testenden Werbemittel in Anzeigen-, Plakat-, Radio-Spot-, TV-Spot- und Kino-Spot-Tests,
- nach der Untersuchungssituation in Labor- oder Studio-Tests und Felduntersuchungen,
- nach dem Bewusstseinsgrad der Probanden in offene, nicht-durchschaubare, quasi-biotische und vollbiotische Tests und
- nach dem Grad der Produktionsstufe des Kommunikationsmittels in Konzeptions- und Gestaltungstests, Tests von Rohentwürfen und Tests fertiger Kommunikationsmittel.[25]

Aus Praktikabilitätsgründen ist eine Systematisierung entlang der gewünschten Zielkategorien bzw. Wirkungsdimensionen der unterschiedlichen Kommunikationsinstrumente wie sie z. B. Schwaiger (1997, S. 39) vorschlägt[26], besonders geeignet (vgl. ◘ Abb. 7.6).

Eine umfassende Diskussion aller psychologischen Marktforschungsverfahren wäre dem Erkenntnisziel des vorliegenden Lehrbuchs wenig dienlich.[27] Aus diesem Grunde

---

24 Je nach Erkenntnisziel kann auch eine Kombination mehrerer Verfahren nötig sein (vgl. z. B. Dworak 1985, S. 1274).
25 Koch (1997, S. 154) unterscheidet Werbewirkungstests zusätzlich noch nach der Untersuchungsmethode in apparative Verfahren der Beobachtung und qualitative Befragungsmethoden, sowie nach dem Untersuchungsziel in Tests der Aktualgenese, der Aktivierung, der Wahrnehmung, des Gedächtnisses und des Kaufverhaltens.
26 Eine detaillierte Beschreibung der einzelnen Testverfahren würde den Rahmen des vorliegenden Lehrbuchs sprengen. Der interessierte Leser sei an dieser Stelle auf Schwaiger (1997, S. 43 ff.) verwiesen.
27 Für eine ausführlichere Darstellung dieser Verfahren sei der interessierte Leser z. B. auf Schwaiger (1997, S. 61 ff.) und die dort gegebenen Literaturhinweise verwiesen.

7.3 · Messung der Kommunikationswirkung

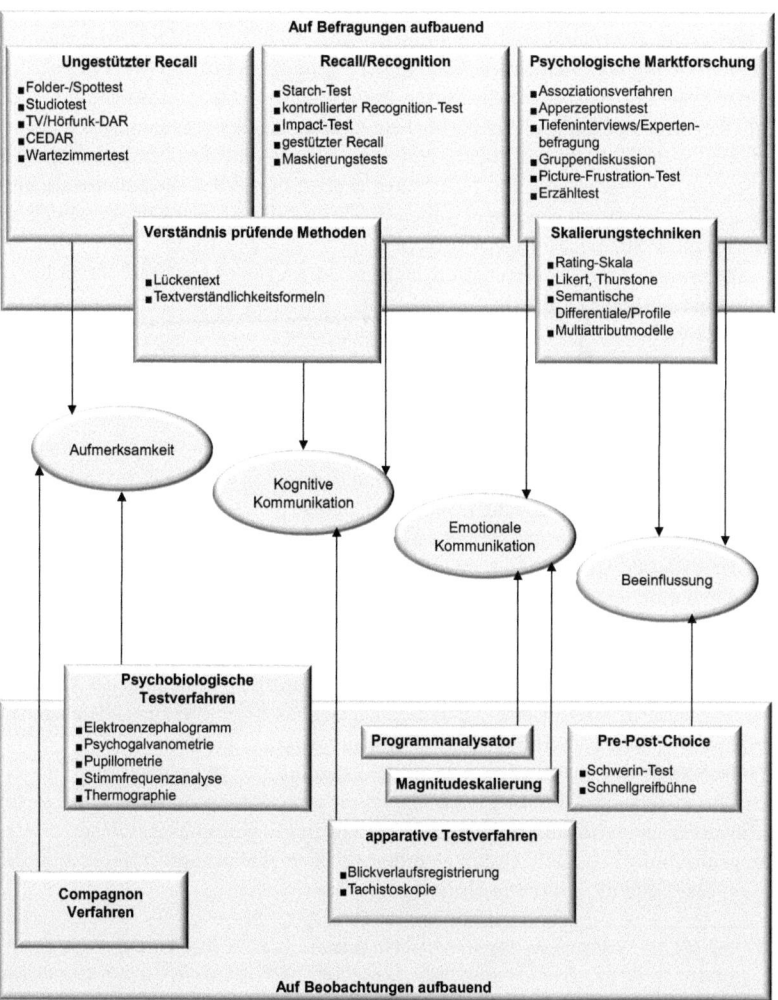

Abb. 7.6 Verfahren zur Messung der Kommunikationswirkung

soll im Folgenden nur kurz auf die Eignung der entsprechenden Verfahren für die Zwecke dieser Arbeit eingegangen werden.[28]

---

28 Kölblin (1994, S. 259) merkt an, dass diese Testverfahren bislang vergleichsweise selten zum Einsatz kommen. Er führt dies auf die mangelnde Objektivität dieser Verfahren zurück.

Beim Einsatz explorativer Befragungstechniken, zu denen das Einzelinterview, die Expertenbefragung, Tiefeninterviews und die Gruppendiskussion gehören, werden in der Regel unstrukturierte Antworten von Auskunftspersonen interpretiert. Stärker strukturiert ist die von Wells (1964) entwickelte EQ-Skala. Es handelt sich dabei um eine spezielle Form des Polaritätenprofils. Die verwendeten Items sind von der speziellen Ausdrucksweise von Hausfrauen geprägt und sollen die emotionale Bindung an ein Werbemittel messen. Andere Wirkfaktoren werden nicht berücksichtigt (Johannsen 1970).

Die verschiedenen Skalierungstechniken sollen im Folgenden in gebotener Kürze dargestellt werden. Der Begriff der Skalierung wird in der wissenschaftlichen Literatur nicht einheitlich gebraucht (Berekoven et al. 2009). Im allgemeineren Sinn wird „Skalierung" als Synonym für den Begriff „Messung" verwendet, im speziellen wird hierunter jedoch die Konstruktion von Messskalen verstanden.[29]

Die Rating-Skala ist die in der Marktforschung wegen ihrer Vielseitigkeit und einfachen Handhabbarkeit zweifelsohne am häufigsten eingesetzte Skalierungsmethode zur Einstellungsmessung. Sie stellt materiell ein Kontinuum von in gleichen Abständen aneinandergefügten numerischen Werten dar, in das eine Auskunftsperson die von ihr an einem Stimulus wahrgenommene Merkmalsausprägung einträgt. Rating-Skalen werden in der Praxis sehr unterschiedlich ausgestaltet. Die im Einzelnen verwendeten Variablen differieren in Bezug auf die Anzahl der vorgegebenen Ausprägungen und deren optische Hervorhebung. Häufig fasst man solche Items zu einer sogenannten Batterie zusammen, die dann zur Bildung eines Index herangezogen wird (Nieschlag et al. 1997). Gemäß der Annahme, dass die fest vorgegebene Aufteilung des Kontinuums eine ähnlich strukturierte Differenzierung der jeweiligen Merkmalsdimensionen bedingt, wird häufig ein Intervallmessniveau der Angaben postuliert.[30]

Grundsätzlich ist es möglich, jede Einstellungsdimension eindimensional zu messen. Voraussetzung dafür ist jedoch, dass diese eine Dimension mittels geeigneter Indikatoren operationalisiert werden kann. Die in der Kommunikationsmittelwirkungsforschung gebräuchlichsten eindimensionalen Skalierungsverfahren sind die *Likert*-Skala und die *Thurstone*-Skala.[31]

---

29 Das Ziel der Skalierungsverfahren besteht in erster Linie darin, theoretische Konstrukte zu messen. Zu diesem Zweck werden diese qualitativen Merkmale skaliert, d. h. in quantitative Größen transformiert (vgl. Berekoven et al., 2009).

30 Vgl. Hammann und Erichson (2004, S. 274). Andere Forscher gehen wegen der oft groben Gliederung des Kontinuums nur von einem ordinalen Messniveau aus (vgl. Nieschlag et al. 1997, S. 694).

31 Vgl. Schwaiger (1997, S. 67). Weitere in der Marketingforschung bekannte eindimensionale Skalierungstechniken sind die *Guttmann*-Skala (vgl. z. B. Schnell et al. 1999, S. 185 ff.) und die auf dem „law of comparative judgement" von Thurstone (1927) basierte Paarvergleichsmethode. Für die Kommunikationsmittelwirkungsforschung sind diese Verfahren jedoch von geringerer Bedeutung (vgl. Green und Tull 1982, S. 161; Schwaiger 1997, S. 68).

7.3 · Messung der Kommunikationswirkung

Das von Likert (1932, S. 44 ff.) entwickelte Verfahren der aufsummierten Itemwerte stellt das methodische Kernstück der Einstellungsmessung dar (Hammann und Erichson 2004). Einer Auskunftsperson stellt sie sich als eine Batterie von Items dar, wobei die einzelnen Items verbale Meinungsäußerungen über das Objekt der Einstellung verkörpern. Die Reaktion der Auskunftsperson besteht darin, zu diesen Items in unterschiedlicher Stärke Stellung zu nehmen, d. h. Zustimmung oder Ablehnung zu bekunden (Nieschlag et al. 1997). Die den einzelnen Items zugeordneten Zahlenwerte werden im Sinne eines gerichteten psychologischen Einstellungskontinuums vergeben (Nieschlag et al. 1997). Die Summe der einzelnen Zahlenwerte über alle Items ergibt eine Kennzahl für die Einstellung der Auskunftsperson zum Untersuchungsgegenstand.

Bei der Einstellungsmessung mittels der *Thurstone*-Skala (Thurstone und Chave 1927) ist der Messvorgang aus Sicht der Auskunftsperson dem der *Likert*-Skala sehr ähnlich. Bei der *Thurstone*-Skala ist ebenfalls eine Reihe von Statements zu beurteilen, wobei die Auskunftsperson hier einer Aussage nur zustimmen oder sie ablehnen kann. Jedem einzelnen Statement wird ein auf einer Expertenbeurteilung basierender Score zugeordnet, den die Auskunftsperson nicht kennt (Nieschlag et al. 1997). Die Kennzahl für die Einstellung der Auskunftsperson ist die Summe der Scores aller Items, denen zugestimmt wurde.[32]

Die mehrdimensionale Einstellungsmessung erfasst sowohl die affektive als auch die kognitive Komponente der psychischen Verarbeitung von Werbung. Als Standardverfahren der mehrdimensionalen Einstellungsmessung gilt das semantische Differential.[33]

Semantische Differentiale werden ermittelt, indem Auskunftspersonen Beurteilungen auf mehrstufigen bipolaren Rating-Skalen mit adjektivistischen Gegensatzpaaren abgeben (Schwaiger 1997). Insoweit handelt es sich bei der Anwendung des semantischen Differentials um eine Vervielfachung des Konzepts eindimensionaler Einstellungsmessung mittels Rating-Skalen auf der Basis ordinaler, semantisch differenzierter Antwortkategorien.[34]

Semantische Differentiale werden in der Marketingforschung gewöhnlich so abgeändert, dass an die Stelle der metaphorischen und objektfremden Adjektive Gegensätze

---

32 Vgl. Neibecker (1992, S. 1065). Eine detaillierte Darstellung der Vorgehensweise zur Bildung und Auswertung von *Thurstone*-Skalen findet sich bei Nieschlag et al. (1997, S. 704 ff.) und Sixtl (1982, S. 152 ff.).

33 Vgl. Hammann und Erichson (2004, S. 280). Dieses von Osgood et al. (1957, S. 76 ff.) entwickelte Verfahren sollte zunächst der Messung von Wortbedeutungen dienen.

34 Vgl. Hammann und Erichson (2004, S. 281). Im Unterschied zu den eindimensionalen Verfahren werden bei semantischen Differentialen die einzelnen Itemwerte jedoch nicht aggregiert oder anderweitig verdichtet. Man analysiert stattdessen den graphischen Verlauf von Durchschnittsprofilen und ermittelt Distanzen und Korrelationen zwischen verschiedenen Profilen (vgl. Nieschlag et al. 1997, S. 713 f.).

von konkreten, objektbezogenen Beschreibungen gesetzt werden. In solchen Fällen spricht man auch von Polaritäten- oder Eigenschaftsprofilen.[35]

> **Auf den Punkt gebracht:** Kommunikationspolitik bezeichnet alle Instrumente und Maßnahmen, die dazu dienen ein Unternehmen und seine Leistungen gegenüber den Zielgruppen präsentieren. Verschiedene Wirkungsmodelle helfen dabei, eine oder mehrere passende Kommunikationsstrategien aus dem Marketing-Mix zu erarbeiten, deren Wirksamkeit wiederum durch Messungen untersucht werden kann.

7.4 Lern-Kontrolle

Kurz und bündig

Als **Kommunikationspolitik** wird die Gesamtheit der Kommunikationsinstrumente und -maßnahmen eines Unternehmens bezeichnet, die eingesetzt werden, um das Unternehmen und seine Leistungen den relevanten Zielgruppen des Unternehmens darzustellen (Rennhak 2001). Die Definition von Werbezielen ist die Voraussetzung für die Werbewirkungsmessung, denn um die Effizienz einer Kommunikationsmaßnahme zu beurteilen, ist es notwendig, die ursprünglich angestrebten Ziele zu kennen Es bedarf eines ausgeklügelten Mix an traditionellen und innovativen Kommunikationsinstrumenten und -kanäle, die unter Einhaltung des Kommunikationsbudgets gezielt eingesetzt werden müssen. Unter die Kategorie der Werbung fallen üblicherweise Kommunikationsmaßnahmen, die sich Print- und/oder audiovisuelle Medien als Werbeträger bedienen. Schließlich wird die Kommunikationswirkung mit verschiedenen Tests gemessen.

? Let's check
1. Erläutern Sie die Kommunikationsbedingungen als Rahmenfaktor für die Werbegestaltung!
2. Erläutern Sie aktuelle Marktbedingungen als Rahmenfaktoren für die Kommunikationspolitik!
3. Erläutern Sie die Besonderheiten der Online-Werbung!
4. Erläutern Sie das Wesen der Verkaufsförderung!
5. Erläutern Sie Wesen und Bedeutung des Product-Placements unter Berücksichtigung aktueller Kommunikationsbedingungen!

---

35 Vgl. Nieschlag et al. (1997, S. 714 f.). Das von Hofstätter (1960) bzw. Hofstätter und Lübbert (1958) entwickelte Polaritätenprofil stellt ein spezielles semantisches Differential dar, das mit 24 stets identischen Eigenschaftspaaren zur Messung von Einstellungen eingesetzt wird. Eigenschaftsprofile unterscheiden sich von semantischen Differentialen nur dadurch, dass in den Itembatterien objektbezogene Items Verwendung finden (vgl. Schwaiger 1997, S. 69).

7.4 · Lern-Kontrolle

6. Erläutern Sie Ziele sowie Chancen und Risiken des Sponsoring an einem Beispiel!
7. Erläutern Sie Kriterien zur Auswahl geeigneter Kommunikationsinstrumente!
8. Welchen Einfluss hat das Involvement der Zielgruppe auf die Auswahl geeigneter Kommunikationsinstrumente?
9. Formulieren Sie jeweils ein ökonomisches und psychologisches Werbeziel!
10. Skizzieren Sie die verschiedenen Dimensionen von PR und Corporate Identity!

? Vernetzende Aufgaben

1. Wie können Unternehmen dem Information Overload entgegenwirken?
2. Welche Ziele werden durch das Event-Marketing verfolgt?
3. Welche Voraussetzungen muss ein Unternehmen im Vorfeld eines erfolgreichen Sponsorings erfüllen?
4. Nach welchen Maßstäben sollte ein Unternehmen Product Placement durchführen?
5. Welche Kriterien sollte ein Unternehmen bei der Wahl seiner PR-Strategie beachten?

ⓘ Lesen und Vertiefen

– Kloss, I. (2007). *Werbung. Handbuch für Studium und Praxis,* München.
– Rennhak, C. (2001). *Die Wirkung vergleichender Werbung,* Wiesbaden.
– Rennhak, Carsten (2012): *Aktuelle Instrumente der Marketingpraxis*, Stuttgart.
– Rennhak, Carsten (2010): *Kommunikationspolitik im 21. Jahrhundert*, Stuttgart.

Distributionspolitik

Carsten Rennhak, Marc Oliver Opresnik

8.1 Absatzorgane – 133

8.2 Absatzwege – 136

8.3 Lern-Kontrolle – 139

C. Rennhak, M.O. Opresnik, *Marketing: Grundlagen,* Studienwissen kompakt,
DOI 10.1007/978-3-662-45809-9_8, © Springer-Verlag Berlin Heidelberg 2016

Kapitel 8 · Distributionspolitik

Lern-Agenda

Da Produktion und Konsum von Gütern oft sowohl räumlich als auch zeitlich auseinanderfallen ergibt sich die Notwendigkeit, Leistungen über den Ort und den Zeitpunkt ihrer Erstellung hinaus dort anzubieten, wo sie von den Abnehmern nachgefragt werden. Vereinfacht gesagt ist die Distribution die Verbindung zwischen den Produzenten und Konsumenten von Gütern und Dienstleistungen. Dieses Kapitel hat die entsprechenden Lernziele zum Inhalt und möchte Folgendes vermitteln:

- welche Aufgaben und Entscheidungen im Rahmen der Distributionspolitik anfallen,
- welches der strategische Charakter der Distributionspolitik ist,
- welche Absatzorgane unterschieden werden können und
- welche Absatzwege gewählt werden können.

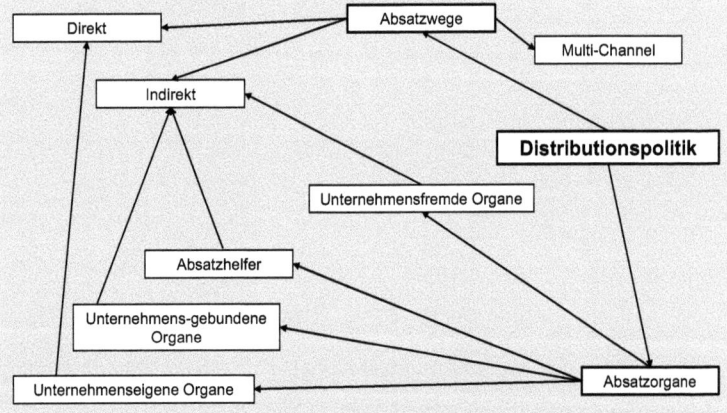

▶ Kapitel 8 auf einem Blick

Merke!

Im Rahmen der **Distributionspolitik** legt das Unternehmen Absatzwege[1], also den Weg, auf dem ein Wirtschaftsgut vom Hersteller zum Verbraucher gelangt (Diller 2001), und Absatzorgane, also Organe der Hersteller mit Distributionsaufgaben, Distributionsmittler (Groß- und Einzelhandel), Distributionshelfer und Beschaffungsorgane der Konsumenten (Toporowski 2009), fest.

---

1 Synonyme Bezeichnungen sind Absatzkanal, Distributionskanal, Vertriebsschiene, Vertriebsweg.

8.1 · Absatzorgane

Diese Entscheidungen sind für den Markterfolg ebenso wichtig wie die Wahl der richtigen Zielgruppe oder des erfolgversprechendsten Produktes. Nur eine ausreichende Präsenzleistung am Markt und die tatsächliche Verfügbarkeit des Produkts ermöglichen einen Abverkauf. Was nützt das beste Produkt, wenn es seine Zielgruppe nicht erreicht? Jedes markt- und kundenorientierte Unternehmen hat die Aufgabe die Vor- und Nachteile der verschiedenen Vertriebswege und -organe zu analysieren und einen optimalen Mix an Vertriebskanälen zu identifizieren und zu implementieren. Hierbei spielen vor allem die Vertriebskosten und die optimale Erreichung der gewünschten Zielgruppe (Reichweite) eine entscheidende Rolle. Aber auch die Imagewirkung des Vertriebskanals (z. B. Flagshipstore vs. Haustürverkauf) spielt eine nicht zu unterschätzende Rolle.

Das Aufkommen des Internets hat die Vertriebsstrukturen nachhaltig verändert: neue Absatzwege haben an Bedeutung gewonnen, traditionelle Kanäle haben an Bedeutung verloren bzw. sind gänzlich verschwunden (z. B. Fachgeschäfte für Bild- und Tonträger).

8.1 Absatzorgane

Absatzorgane können sein Absatzhelfer, unternehmenseigene, unternehmensgebundene und unternehmensfremde Organe.

Absatzhelfer vermitteln Aufträge ohne Eigentum an der Ware zu erwerben (z. B. Handelsvertreter, Makler, Kommissionäre), unternehmenseigene Absatzorgane gehören dem Unternehmen an (z. B. Geschäftsleitung, Reisende, etc.), unternehmensgebundene Organe sind rechtlich selbstständig, aber wirtschaftlich an den Hersteller gebunden (z. B. Franchisenehmer) und unternehmensfremde Organe erwerben selbst Eigentum an den Produkten (z. B. Groß- und Einzelhändler).[2]

Während die unternehmenseigenen Absatzorgane dem direkten Vertrieb zugeordnet werden, werden Absatzhelfer, unternehmensgebundene und unternehmensfremde Absatzorgane unter den indirekten Vertrieb systematisiert. Unternehmenseigene Absatzorgane sind – egal ob als Mitarbeiter des Herstellerunternehmens oder durch besondere vertragliche Vereinbarungen – weisungsgebunden. Unter die unternehmenseigenen Absatzorgane werden gewöhnlich die Reisenden, die Geschäftsleitung bzw. designierte Mitarbeiter, eigene Niederlassungen und E-Commerce gezählt:

- **Reisende** sind Angestellte des Unternehmens und erbringen kaufmännische Leistungen gegen ein Entgelt, weshalb sie nach § 59 HGB auch als Handlungsgehilfe bezeichnet werden. Wie jeder Angestellte ist der Reisende an die

---

[2] Sie können entsprechend unabhängig vom Hersteller ihre Eigentumsrechte exekutieren und verfügen somit z. B. über eine sehr weitgehende Selbständigkeit im Einsatz der Marketinginstrumente (Preis, Präsentation der Ware, Expertise des Verkaufspersonals, etc.)

Weisungen des Unternehmens gebunden. Er bezieht ein festes Gehalt, allerdings gibt es je nach Vertragslage die Möglichkeit einer Provision oder Prämie. Seine Hauptaufgaben bestehen darin Kunden zu betreuen, die Leistungen des Unternehmens zu präsentieren, Bestellungen anzunehmen, Marktinformationen zu sammeln und die Geschäftsleitung mit Informationen zu versorgen (Pfetzing 2004).

- Wichtige Kunden („**Key Accounts**") werden in der Regel – abhängig von der Unternehmensgröße und der Bedeutung des Kunden – durch die Geschäftsleitung persönlich oder durch Key-Account-Manager betreut. Gerade in Kleinunternehmen oder im Mittelstand ist es üblich, dass die Geschäftsleitung wichtige Kunden selbst betreut, in großen Unternehmen kommt eher die Praxis des Key-Account-Management zur Anwendung.
- Viele Unternehmen richten eigene Verkaufsstellen (Niederlassungen) an geeigneten Standorten ein (z. B. eigene Shops, Flagshipstores). Dieser Vertriebsweg ist oft relativ vertriebskostenintensiv, da hier sämtliche Kosten auf die Produkte nur eines Herstellers überwälzt werden.
- **E-Commerce** (Electronic Commerce) beschreibt den Online-Handel über das Internet.[3] Dies ist aktuell sicher die populärste Form des medienvermittelten Vertriebs. Daneben spielt aber auch der Vertrieb z. B. über eigene Call Center (Telesales) eine zunehmend wichtige Rolle.

Als **Absatzhelfer** werden gewöhnlich rechtlich selbständige Einheiten bezeichnet, die eine rein abwicklungsunterstützende Funktion haben, z. B. Speditionen und Lagerhausbetriebe (Zentes 1988). Absatzmittler (z. B. Groß- und Einzelhandel) dagegen begleiten die Ware ebenfalls vom Hersteller zum Endabnehmer, erwerben jedoch Eigentum an ihr (Pepels 2007). Zu den Absatzhelfen gehören die Handelsvertreter, Kommissionäre und Makler:

- **Handelsvertreter** sind rechtlich selbstständige Gewerbetreibende, die für andere Unternehmen Geschäfte zu vermitteln oder in deren Namen abzuschließen (Kreutzer 2010). Der Handelsvertreter arbeitet damit im Namen und für Rechnung eines Unternehmens (oder mehrerer Unternehmen – letzteres ist eher die Regel denn die Ausnahme). Voraussetzung für die Vertretung mehrerer Unternehmen ist, dass die Produkte der Unternehmen nicht miteinander konkurrieren oder sich gar optimalerweise ergänzen (Pfetzing 2004).
- **Kommissionäre** arbeiten im eigenen Namen für die Rechnung des Auftraggebers (Kommittenten) (Pfetzing 2004), d. h. sie übernehmen gewerbsmäßig Waren oder Wertpapiere, um diese für andere zu kaufen oder verkaufen. Hierfür erhält der Kommissionär in der Regel eine umsatzabhängige Provision.

---

3 Hierbei wird zwischen Business-to-Business (B2B) und Business-to-Consumer (B2C) unterschieden.

8.1 · Absatzorgane

- Ein **(Handels-)Makler** ist gewerbsmäßig damit betraut Verträge zwischen Anbietern und Nachfragern in fremdem Namen und auf fremde Rechnung zu vermitteln (Kreutzer 2010). Der Makler führt so als „Matchmaker" die Interessen des Anbieters und des Nachfragers zusammen (Pfetzing 2004).

Um die Vorteile des direkten Vertriebs (wie z. B. direkter Kundenzugang, Kontrolle von Produktpräsentation und Preis, etc.) auch bei den Formen des indirekten Vertriebs realisieren zu können und den Zugriff auf Vertriebspartner zu stärken, wurden verschiedene Konzepte vertikaler Marketing-Systeme entwickelt, wie unter anderem Vertragshändlersysteme und Franchise-Systeme (Kreutzer 2010).

Das Vertragshändlersystem setzt sich aus Hersteller bzw. Großhändler und Vertragshändler zusammen. Der Vertragshändler erwirbt hierbei – in der Regel im Rahmen eines langfristigen Vertragsverhältnisses – das Recht, Erzeugnisse in eigenem Namen und auf eigene Rechnung zu verkaufen. Der Vertragshändler ist rechtlich selbständig, aber durch den langfristigen Vertrag mit dem Hersteller stärker gebunden bzw. wirtschaftlich abhängig. Aus diesem Grund hat der Hersteller einen stärkeren Zugriff auf den Händler. Dies kommt z. B. durch die häufige Berücksichtigung von Herstellerempfehlungen in Bezug auf Marktauftritt oder bei der Durchführung der Geschäfte zum Ausdruck.

Das Franchise-System lässt sich in drei verschiedene Arten des Franchising unterteilen (Schallmo 2003):

- Beim Job-Franchising ist der finanzielle Investitionsbedarf am geringsten, weshalb diese Form hauptsächlich Einzelpersonen zu Gute kommt, die sich mit kleinen Unternehmen im Rahmen des Franchising selbständig machen möchten. Der Franchisenehmer arbeitet in diesem Fall von zu Hause aus oder mittels eines Kleintransporters (z. B. Eismann).
- Beim Business-Franchising ist der Investitionsbedarf höher. Der Franchisenehmer arbeitet bei diesem Franchisingformat in einem Büro oder einem Ladengeschäft (z. B. Photo Porst). In der Regel arbeitet der Franchisenehmer auch persönlich im Betrieb mit.
- Beim Investment- oder Investitions-Franchising ist das Investitionsvolumen teilweise erheblich höher als bei den anderen Formen. Der Franchisenehmer arbeitet in der Regel im Betrieb nicht operativ mit, sondern übernimmt die Rolle eines Geschäftsführers. Franchisenehmer führen dabei oft mehrere Niederlassungen parallel (z. B. Holiday Inn, Obi oder McDonalds) (Schallmo 2003).

Die unternehmensfremden Absatzorgane (auch Absatzmittler), wie zum Beispiel der Groß- und Einzelhandel, sind nicht an die Weisungen des Herstellers gebunden.

Der Großhandel bezieht seine Ware beim Hersteller und verkauft diese an ein anderes Unternehmen, z. B. ein Handelsunternehmen oder einen Großabnehmer, im Gegensatz zum Einzelhandel, der seine Produkte direkt an den Endkunden (Konsumenten oder Unternehmen) weiterverkauft (Kreutzer 2010). Der Großhandel lässt sich wiederum in den Ankaufgroßhandel, dessen Aufgabe überwiegend darin besteht Waren oder Rohstoffe verschiedener Lieferanten zu sammeln und aufzubewahren und den Absatzgroßhandel, der den Gütertransfer an andere Großabnehmer übernimmt, unterscheiden. Der Großhandel kann des Weiteren in Sortiments- (breites, flaches Sortiment) und in Spezial-Großhandel (enges, tiefes Sortiment) unterteilt werden.

Für den Einzelhandel bestehen die drei Kategorien stationärer Handel, nicht- bzw. halbstationärer Handel und Versandhandel. Der stationäre und nicht-stationäre (oder ambulante) Handel unterscheiden sich dadurch, dass der stationäre Handel an einem festen Standort vertreten ist, während es sich beim nicht-stationäre Handel z. B. um Wochenmärkte oder Verkaufswagen handelt, die über keinen festen Standort verfügen (Kreutzer 2010).

8.2 Absatzwege

Es werden prinzipiell drei Absatzwege unterschieden: Der **direkte Vertrieb**, der **indirekte Vertrieb** und der **Multi-Channel-Vertrieb**. Letzterer ist die Kombination mehrerer Absatzwege (direkt und/oder indirekt) zu einem Vertriebskanal-Mix. Einflussfaktoren für die Wahl der Absatzwege sind insbesondere die Produktspezifika und das Kaufverhalten potenzieller Kunden. Die Wahl des Absatzweges ist zudem stark von externen Einflussfaktoren wie z. B. physische Umweltfaktoren, soziale Gegebenheiten oder Traditionen beeinflusst, weshalb sie auch für ein Unternehmen von Markt zu Markt variieren können.

Direkter Vertrieb bedeutet, dass der Hersteller seine Erzeugnisse direkt, d. h. ohne dabei andere selbstständige Institutionen einzubinden, an den Endabnehmer vermarktet (Kreutzer 2010). Hierbei gibt es verschiedene Alternativen, wie der Vertrieb erfolgen kann, persönlich, schriftlich per Post, telefonisch oder über den elektronischen Weg (Renker 2009). Die Absatzorgane der direkten Distribution sind zum Beispiel eine eigene Verkaufsabteilung oder Verkaufsniederlassungen oder einen eigenen Außendienst mit fest angestellten Mitarbeitern (z. B. Key Account, Reisende). In B2C-Märkten spricht man dabei in der Regel von „door-to-door-selling", d. h. der Außendienst besucht den Kunden zu Hause (z. B. Vorwerk). Dies ist besonders häufig bei erklärungsbedürftigen Produkten der Fall (Kreutzer 2010). In B2B-Märkten spricht man in der Regel von „personal selling". Dieser Begriff deutet nicht nur auf den unmittelbaren Kontakt zwischen Käufer und Verkäufer hin, sondern auch auf die (angestrebte) langjährige (persönliche) Geschäftsbeziehung, die aufgebaut und gepflegt werden soll (Kleinaltenkamp 2006). Bestandteile des personal selling können dabei auch Verkaufsgespräche auf Messen, Verhandlungsrunden mit Kunden und telefonische Verkaufsgespräche sein. Eigene Verkaufsniederlassungen sind besonders häufig bei Bekleidungsherstellern zu finden (z. B. Mango oder Zara), die ihre produzierte

8.2 · Absatzwege

Ware über eigene Verkaufsstellen an verschiedenen Standorten vertreiben. Der Vertrieb über herstellereigene Internetshops, wie er zum Beispiel bei Dell betrieben wird, fällt ebenfalls unter die Kategorie des direkten Vertriebs (Kreutzer 2010). Der wesentliche Vorteil des direkten Vertriebs ist die Kontrolle der Kundenschnittstelle, d. h. dass der Hersteller im unmittelbaren Austausch mit dem Endkunden steht, sein Kundenverständnis schärfen und besser überlegene Lösungen für Kundenprobleme entwickeln kann. Er ist dabei unabhängig von dritten Vertriebspartnern. Das gesamte Distributionsmanagement kann vom Hersteller gesteuert werden. Zudem wird die Distributionsspanne eingespart (Pepels 2007).

Ein weiterer Vorteil des direkten Vertriebs ist, dass eigene Mitarbeiter ihr Fachwissen zur Verfügung stellen, um Kunden zu beraten – dies besonders bei erklärungsbedürftigen Produkten im B2B-Markt von entscheidender Bedeutung, kann aber auch im B2C-Markt wichtig sein. Das Unternehmen Tupperware z. B. hatte ursprünglich versucht, seine Produkte über den Einzelhandel zu vertreiben, ist aber bald auf direkten Vertrieb umgestiegen (die so genannten „Tupper-Parties"), da nur eigene Vertriebsmitarbeiter in der Lage schienen, die Produktvorteile adäquat zu kommunizieren.

Ein bedeutender Nachteil des direkten Vertriebs ist, dass sowohl das Diustributionsmanagement wie auch das Distributionsrisiko beim Hersteller liegen. Dies wiegt um so schwerer als ein Hersteller zwar ein Produktspezialist in seinem Feld sein mag, dies aber nicht immer und zwangsläufig mit einer entsprechenden Verkaufsexpertise einhergeht. Ein Fehlen von Handelspartnern birgt vor allem Nachteile für Hersteller, die nur über ein schmales Leistungsprogramm verfügen. Dieses ist oftmals nur vermarktbar, wenn es in das umfassende Sortiment eines Handelspartners eingebunden wird (Kreutzer 2010). Kosten für Aufbau und Unterhalt eigener Distributionskanäle oft sehr hoch und bedeuten eine hohe Fixkostenbelastung (Pepels 2007). Hier sind wiederum Unternehmen mit einem schmalen Leistungsprogramm im Nachteil, da sich die Vertriebskosten hier nur auf wenige Produkte überwälzen lassen (Kreutzer 2010).

Von **indirektem Vertrieb** spricht man, wenn ein Unternehmen sein Leistungsprogramm über rechtlich und wirtschaftlich selbstständige, unternehmensfremde Organisationen als Absatzmittler an die Endabnehmer vertreibt (Renker 2009). Abhängig davon, wie viele Absatzmittler in den Vertriebsprozess eingebunden werden, spricht man von ein-, zwei- oder mehrstufigem Vertrieb. Der indirekte Vertrieb lässt sich sowohl im B2C- wie auch im B2B-Markt finden (Kreutzer 2010). Vertriebspartner können dabei z. B. Groß- und Einzelhändler, Handelsvertreter, Kommissionäre und Handelsmakler sein.

Die Nachteile des direkten Vertriebs entsprechen den Vorteilen des indirekten Vertriebs und umgekehrt. Der indirekte Vertrieb ist vor allem für Unternehmen ratsam, denen es an Kenntnis und Erfahrung im Vertrieb, sowie den nötigen finanziellen Mitteln mangelt. Der indirekte Vertrieb ist besonders vorteilhaft bei wenig erklärungsbedürftige Produkte und Dienstleistungen mit hoher Kauffrequenz. Der Hersteller kann hierbei die Erfahrung, Organisationsstruktur und Kontakte seiner Distributionspartner nutzen (Pfetzing 2004).

Ein weiterer Vorteil des indirekten Vertriebs besteht darin, dass Konsumenten gerne ihren gesamten Bedarf aus einer Hand decken (one-stop-shopping). Über den indirekten Vertrieb bietet sich ihnen die Möglichkeit verschiedene Konkurrenzprodukte zu vergleichen und ergänzende Produkte zu kaufen (Russel 2010). Der Handel wickelt also den Verkaufsvorgang ab, weshalb auch nur eine kleine Vertriebsorganisation benötigt wird, was dem Hersteller Kosten und Zeit spart (Pfetzing 2004). Der Handel kann weiterhin wichtige Funktionen wie die Beratung oder Finanzierung des Kaufs übernehmen (Kreutzer 2010).

Ein Nachteil des indirekten Vertriebs ist, dass der Hersteller keinen Einfluss mehr auf Beratungsleistung der Mitarbeiter, Preis oder Präsentation des Produkts beim Handelspartner (z. B. im Ladengeschäft) hat. Dies kann sich negativ auf das Produktimage auswirken (z. B. wenn ein Produkt als Aktionsware benutzt wird) (Russel 2010). Der Handel lässt sich seine Abverkaufs- wie auch die vorgelagerten Kommunikations- und Beratungsleistungen über die Handelsspanne entgelten, die den Gewinn des Herstellers schmälert (Kreutzer 2010).

Häufig beschränken sich Unternehmen nicht nur auf einen Absatzkanal, sondern bedienen sich im Rahmen eines so genannten **Multi-Channel-Vertriebs** gleichzeitig mehrerer Vertriebskanäle. Dies dient zum einen der Erhöhung der Marktabdeckung, da Kunden mit unterschiedlichen Einkaufsstättenpräferenzen besser erreicht werden können. Zum anderen schaffen Hersteller auf diese Weise einen gewissen Risikoausgleich, indem z. B. Abhängigkeit von Handelspartnern reduziert bzw. die Verhandlungsmacht gegenüber einzelnen Kanälen gestärkt wird.

Beim **Multi-Channel-Vertrieb** ist besonders auf eine geeignete Orchestrierung der unterschiedlichen Kanäle zu achten (Winkelmann 2012). Weder auf Kundenseite, noch auf Seiten der Handelspartner darf es zu Irritationen bzw. Unstimmigkeiten kommen (beispielsweise durch unabgestimmte parallele Angebote an Kunden oder Übervorteilung von Handelspartner, die zwar die Beratungsleistungen erbringen, aber bei der Allokation des Funktionsentgelts leer ausgehen). Das so genannte Channel-Management muss hier entsprechende Aussteuerungen vornehmen, um Kannibalisierungseffekte zwischen den verschiedenen Vertriebskanälen zu minimieren (bzw. bewusst zu optimieren). Auf Kundenseite ist einer Verunsicherung entgegenzuwirken, die dadurch entstehen kann, dass Kunden Produkte über verschiedene Kanäle angeboten werden. Dies gilt besonders, wenn die verschiedenen Vertriebskanäle mit unterschiedlichen Preisen oder Servicequalitäten werben (Kreutzer 2010). In einem Multi-Channel-System mit einem ausgeklügelten Channel Management steigen die Komplexitätskosten, da Produkte, Kommunikation und Systeme und Prozesse abgestimmt werden müssen (Renker 2009).

Verschiedene Dynamiken begünstigen dennoch die Entwicklung von Multi-Channel-Vertrieben (Winkelmann 2012):

- Transformation der Märkte (Globalisierung, Öffnung neuer Märkte, sowie steigende Kundenansprüche),
- Transformation der Standorte (Dezentralisierung, Regionalisierung),

- Transformation des Produktmix (kürzere Produktlebenszyklen),
- Transformation der betrieblichen Leistungsprozesse (Fusionen, Kooperationen, Allianzen).

Diese Entwicklungen führen dazu, dass Unternehmen immer mehr Vertriebskanäle nutzen. Im Extremfall spricht man von Omni-Channel-Ansätzen, d. h. dass Unternehmen bieten seinen Kunden eine einheitliche Customer Experience an, ohne dass es beim Übergang von einem Kanal zu einem anderen zu Brüchen kommt. Dies wäre z. B. der Fall, wenn Kundendaten in verschiedenen Kanälen in unterschiedlicher Qualität vorlägen.

> **Auf den Punkt gebracht:** Mit Hilfe der Distributionspolitik legen Unternehmen Absatzwege, Absatzorgane, Distributionshelfer und Beschaffungsorgane der Konsumenten fest, um den Vertrieb eines Produktes zu verbessern.

8.3 Lern-Kontrolle

Kurz und bündig
Im Rahmen der **Distributionspolitik** legt das Unternehmen Absatzwege, also den Weg, auf dem ein Wirtschaftsgut vom Hersteller zum Verbraucher gelangt, und Absatzorgane, also Organe der Hersteller mit Distributionsaufgaben, Distributionsmittler, Distributionshelfer und Beschaffungsorgane der Konsumenten, fest. Absatzorgane können sein Absatzhelfer, unternehmenseigene, unternehmensgebundene und unternehmensfremde Organe. Es werden prinzipiell drei Absatzwege unterschieden: Der **direkte Vertrieb**, der **indirekte Vertrieb** und der **Multi-Channel-Vertrieb**. Aufgrund unterschiedlicher Dynamiken in der Distributionspolitik müssen die Hersteller ihren Vertriebskanal-Mix anpassen.

? Let's check
1. Welches sind die zentralen Entscheidungsbereiche der Distributionspolitik?
2. Welche besonderen Wesensmerkmale charakterisieren die Distributionspolitik gegenüber den anderen Marketinginstrumenten?
3. Weshalb ist die Distributionspolitik für den Markterfolg vieler Unternehmen besonders bedeutsam?
4. Erläutern Sie produktspezifische Rahmenbedingungen für distributionspolitische Entscheidungen!

? Vernetzende Aufgaben
1. Welche Vorteile können Absatzhelfer im Vergleich zu Unternehmenseigenen/fremden Organen bieten?
2. Inwiefern kann dem Multi-Channel Vertrieb eine höhere Erfolgsquote zugerechnete werden als dem direkten und indirekten Vertrieb?

Lesen und Vertiefen
- Kreutzer, R. (2010). *Praxisorientiertes Marketing – Grundlagen, Instrumente, Fallbeispiele,* Wiesbaden.
- Pfetzing, A. (2004). *Instrumente des Marketing,* Berlin.
- Winkelmann, P. (2010): *Marketing und Vertrieb, Fundamente für die Marktorientierte Unternehmensführung*, München

Serviceteil

Tipps fürs Studium und fürs Lernen – 142

Marketing auf einen Blick – 147

Definitionen im Überblick – 148

Literaturverzeichnis – 151

Der Abschnitt „Tipps fürs Studium und fürs Lernen" wurde von Andrea Hüttmann verfasst.

C. Rennhak, M. O. Opresnik, *Marketing: Grundlagen,* Studienwissen kompakt,,
DOI 10.1007/978-3-662-45809-9, © Springer-Verlag Berlin Heidelberg 2016

Tipps fürs Studium und fürs Lernen

- **Studieren Sie!**

Studieren erfordert ein anderes Lernen, als Sie es aus der Schule kennen. Studieren bedeutet, in Materie abzutauchen, sich intensiv mit Sachverhalten auseinanderzusetzen, Dinge in der Tiefe zu durchdringen. Studieren bedeutet auch, Eigeninitiative zu übernehmen, selbstständig zu arbeiten, sich autonom Ziele zu setzen, anstatt auf konkrete Arbeitsaufträge zu warten. Ein Studium erfolgreich abzuschließen erfordert die Fähigkeit, der Lebensphase und der Institution angemessene effektive Verhaltensweisen zu entwickeln – hierzu gehören u. a. funktionierende Lern- und Prüfungsstrategien, ein gelungenes Zeitmanagement, eine gesunde Portion Mut und viel pro-aktiver Gestaltungswille. Im Folgenden finden Sie einige erfolgserprobte Tipps, die Ihnen beim Studieren Orientierung geben, einen grafischen Überblick dazu zeigt ◘ Abb. A.1.

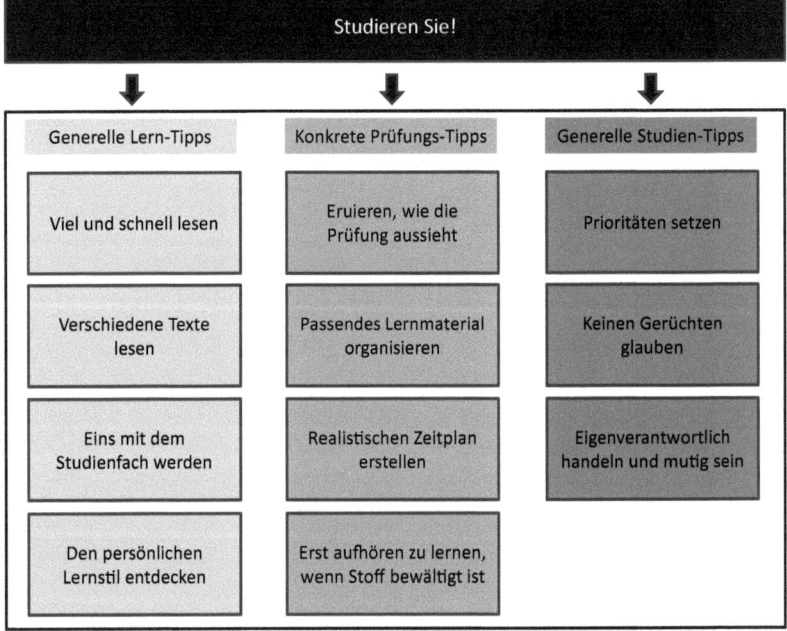

◘ **Abb. A.1** Tipps im Überblick

Tipps fürs Studium und fürs Lernen

Lesen Sie viel und schnell

Studieren bedeutet, wie oben beschrieben, in Materie abzutauchen. Dies gelingt uns am besten, indem wir zunächst einfach nur viel lesen. Von der Lernmethode – lesen, unterstreichen, heraus schreiben – wie wir sie meist in der Schule praktizieren, müssen wir uns im Studium verabschieden. Sie dauert zu lange und raubt uns kostbare Zeit, die wir besser in Lesen investieren sollten. Selbstverständlich macht es Sinn, sich hier und da Dinge zu notieren oder mit anderen zu diskutieren. Das systematische Verfassen von eigenen Text-Abschriften aber ist im Studium – zumindest flächendeckend – keine empfehlenswerte Methode mehr. Mehr und schneller lesen schon eher ...

Werden Sie eins mit Ihrem Studienfach

Jenseits allen Pragmatismus sollten wir uns als Studierende eines Faches – in der Summe – zutiefst für dieses interessieren. Ein brennendes Interesse muss nicht unbedingt von Anfang an bestehen, sollte aber im Laufe eines Studiums entfacht werden. Bitte warten Sie aber nicht in Passivhaltung darauf, begeistert zu werden, sondern sorgen Sie selbst dafür, dass Ihr Studienfach Sie etwas angeht. In der Regel entsteht Begeisterung, wenn wir die zu studierenden Inhalte mit lebensnahen Themen kombinieren: Wenn wir etwa Zeitungen und Fachzeitschriften lesen, verstehen wir, welche Rolle die von uns studierten Inhalte im aktuellen Zeitgeschehen spielen und welchen Trends sie unterliegen; wenn wir Praktika machen, erfahren wir, dass wir mit unserem Know-how – oft auch schon nach wenigen Semestern – Wertvolles beitragen können. Nicht zuletzt: Dinge machen in der Regel Freude, wenn wir sie beherrschen. Vor dem Beherrschen kommt das Engagement: Engagieren Sie sich also und werden Sie eins mit Ihrem Studienfach!

Entdecken Sie Ihren persönlichen Lernstil

Jenseits einiger allgemein gültiger Lern-Empfehlungen muss jeder Studierende für sich selbst herausfinden, wann, wo und wie er am effektivsten lernen kann. Es gibt die Lerchen, die sich morgens am besten konzentrieren können, und die Eulen, die ihre Lernphasen in den Abend und die Nacht verlagern. Es gibt die visuellen Lerntypen, die am liebsten Dinge aufschreiben und sich anschauen; es gibt auditive Lerntypen, die etwa Hörbücher oder eigene Sprachaufzeichnungen verwenden. Manche bevorzugen Karteikarten verschiedener Größen, andere fertigen sich auf Flipchart-Bögen Übersichtsdarstellungen an, einige können während des

Spazierengehens am besten auswendig lernen, andere tun dies in einer Hängematte. Es ist egal, wo und wie Sie lernen. Wichtig ist, dass Sie einen für sich effektiven Lernstil ausfindig machen und diesem – unabhängig von Kommentaren Dritter – treu bleiben.

Bringen Sie in Erfahrung, wie die bevorstehende Prüfung aussieht

Die Art und Weise einer Prüfungsvorbereitung hängt in hohem Maße von der Art und Weise der bevorstehenden Prüfung ab. Es ist daher unerlässlich, sich immer wieder bezüglich des Prüfungstyps zu informieren. Wird auswendig Gelerntes abgefragt? Ist Wissenstransfer gefragt? Muss man selbstständig Sachverhalte darstellen? Ist der Blick über den Tellerrand gefragt? Fragen Sie Ihre Dozenten. Sie müssen Ihnen zwar keine Antwort geben, doch die meisten Dozenten freuen sich über schlau formulierte Fragen, die das Interesse der Studierenden bescheinigen und werden Ihnen in irgendeiner Form Hinweise geben. Fragen Sie Studierende höherer Semester. Es gibt immer eine Möglichkeit, Dinge in Erfahrung zu bringen. Ob Sie es anstellen und wie, hängt von dem Ausmaß Ihres Mutes und Ihrer Pro-Aktivität ab.

Decken Sie sich mit passendem Lernmaterial ein

Wenn Sie wissen, welcher Art die bevorstehende Prüfung ist, haben Sie bereits viel gewonnen. Jetzt brauchen Sie noch Lernmaterialien, mit denen Sie arbeiten können. Bitte verwenden Sie niemals die Aufzeichnungen Anderer – sie sind inhaltlich unzuverlässig und nicht aus Ihrem Kopf heraus entstanden. Wählen Sie Materialien, auf die Sie sich verlassen können und zu denen Sie einen Zugang finden. In der Regel empfiehlt sich eine Mischung – für eine normale Semesterabschlussklausur wären das z. B. Ihre Vorlesungs-Mitschriften, ein bis zwei einschlägige Bücher zum Thema (idealerweise eines von dem Dozenten, der die Klausur stellt), ein Nachschlagewerk (heute häufig online einzusehen), eventuell prüfungsvorbereitende Bücher, etwa aus der Lehrbuchsammlung Ihrer Universitätsbibliothek.

Erstellen Sie einen realistischen Zeitplan

Ein realistischer Zeitplan ist ein fester Bestandteil einer soliden Prüfungsvorbereitung. Gehen Sie das Thema pragmatisch an und beantworten Sie folgende Fragen: Wie viele

Tipps fürs Studium und fürs Lernen

Wochen bleiben mir bis zur Klausur? An wie vielen Tagen pro Woche habe ich (realistisch) wie viel Zeit zur Vorbereitung dieser Klausur? (An dem Punkt erschreckt und ernüchtert man zugleich, da stets nicht annähernd so viel Zeit zur Verfügung steht, wie man zu brauchen meint.) Wenn Sie wissen, wie viele Stunden Ihnen zur Vorbereitung zur Verfügung stehen, legen Sie fest, in welchem Zeitfenster Sie welchen Stoff bearbeiten. Nun tragen Sie Ihre Vorhaben in Ihren Zeitplan ein und schauen, wie Sie damit klar kommen. Wenn sich ein Zeitplan als nicht machbar herausstellt, verändern Sie ihn. Aber arbeiten Sie niemals ohne Zeitplan!

Beenden Sie Ihre Lernphase erst, wenn der Stoff bewältigt ist

Eine Lernphase ist erst beendet, wenn der Stoff, den Sie in dieser Einheit bewältigen wollten, auch bewältigt ist. Die meisten Studierenden sind hier zu milde im Umgang mit sich selbst und orientieren sich exklusiv an der Zeit. Das Zeitfenster, das Sie für eine bestimmte Menge an Stoff reserviert haben, ist aber nur ein Parameter Ihres Plans. Der andere Parameter ist der Stoff. Und eine Lerneinheit ist erst beendet, wenn Sie das, was Sie erreichen wollten, erreicht haben. Seien Sie hier sehr diszipliniert und streng mit sich selbst. Wenn Sie wissen, dass Sie nicht aufstehen dürfen, wenn die Zeit abgelaufen ist, sondern erst wenn das inhaltliche Pensum erledigt ist, werden Sie konzentrierter und schneller arbeiten.

Setzen Sie Prioritäten

Sie müssen im Studium Prioritäten setzen, denn Sie können nicht für alle Fächer denselben immensen Zeitaufwand betreiben. Professoren und Dozenten haben die Angewohnheit, die von ihnen unterrichteten Fächer als die bedeutsamsten überhaupt anzusehen. Entsprechend wird jeder Lehrende mit einer unerfüllbaren Erwartungshaltung bezüglich Ihrer Begleitstudien an Sie herantreten. Bleiben Sie hier ganz nüchtern und stellen Sie sich folgende Fragen: Welche Klausuren muss ich in diesem Semester bestehen? In welchen sind mir gute Noten wirklich wichtig? Welche Fächer interessieren mich am meisten bzw. sind am bedeutsamsten für die Gesamtzusammenhänge meines Studiums? Nicht zuletzt: Wo bekomme ich die meisten Credits? Je nachdem, wie Sie diese Fragen beantworten, wird Ihr Engagement in der Prüfungsvorbereitung ausfallen. Entscheidungen dieser Art sind im Studium keine böswilligen Demonstrationen von Desinteresse, sondern schlicht und einfach überlebensnotwendig.

Glauben Sie keinen Gerüchten

Es werden an kaum einem Ort so viele Gerüchte gehandelt wie an Hochschulen – Studierende lieben es, Durchfallquoten, von denen Sie gehört haben, jeweils um 10–15 % zu erhöhen, Geschichten aus mündlichen Prüfungen in Gruselgeschichten zu verwandeln und Informationen des Prüfungsamtes zu verdrehen. Glauben Sie nichts von diesen Dingen und holen Sie sich alle wichtigen Informationen dort, wo man Ihnen qualifiziert und zuverlässig Antworten erteilt. 95 % der Geschichten, die man sich an Hochschulen erzählt, sind schlichtweg erfunden und das Ergebnis von ‚Stiller Post'.

Handeln Sie eigenverantwortlich und seien Sie mutig

Eigenverantwortung und Mut sind Grundhaltungen, die sich im Studium mehr als auszahlen. Als Studierende verfügen Sie über viel mehr Freiheit als als Schüler: Sie müssen nicht immer anwesend sein, niemand ist von Ihnen persönlich enttäuscht, wenn Sie eine Prüfung nicht bestehen, keiner hält Ihnen eine Moralpredigt, wenn Sie Ihre Hausaufgaben nicht gemacht haben, es ist niemandes Job, sich darum zu kümmern, dass Sie klar kommen. Ob Sie also erfolgreich studieren oder nicht, ist für niemanden von Belang außer für Sie selbst. Folglich wird nur der eine Hochschule erfolgreich verlassen, dem es gelingt, in voller Überzeugung eigenverantwortlich zu handeln. Die Fähigkeit zur Selbstführung ist daher der Soft Skill, von dem Hochschulabsolventen in ihrem späteren Leben am meisten profitieren. Zugleich sind Hochschulen Institutionen, die vielen Studierenden ein Übermaß an Respekt einflößen: Professoren werden nicht unbedingt als vertrauliche Ansprechpartner gesehen, die Masse an Stoff scheint nicht zu bewältigen, die Institution mit ihren vielen Ämtern, Gremien und Prüfungsordnungen nicht zu durchschauen. Wer sich aber einschüchtern lässt, zieht den Kürzeren. Es gilt, Mut zu entwickeln, sich seinen eigenen Weg zu bahnen, mit gesundem Selbstvertrauen voranzuschreiten und auch in Prüfungen eine pro-aktive Haltung an den Tag zu legen. Unmengen an Menschen vor Ihnen haben diesen Weg erfolgreich beschritten. Auch Sie werden das schaffen!

Andrea Hüttmann ist Professorin an der accadis Hochschule Bad Homburg, Leiterin des Fachbereichs „Communication Skills" und Expertin für die Soft-Skill-Ausbildung der Studierenden. Als Coach ist sie auch auf dem freien Markt tätig und begleitet Unternehmen, Privatpersonen und Studierende bei Veränderungsvorhaben und Entwicklungswünschen (▶ www.andrea-huettmann.de).

Marketing auf einen Blick

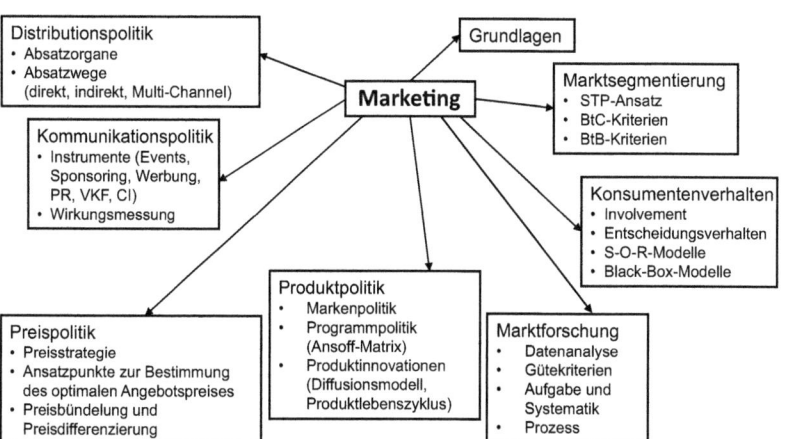

Definitionen im Überblick

Aktivierung Als **aktivierend** bezeichnen Kroeber-Riel et al. (2008, S. 49, 58 ff.) Vorgänge, die mit inneren Erregungen und Spannungen verbunden sind und das Verhalten antreiben. Die Stärke der Aufmerksamkeit, mit der sich der Rezipient einer Werbebotschaft zuwendet, stellt u. a. einen Maßstab für den Grad der Aktivierung dar.

Break-Even-Analyse Mit Hilfe der sog. **Break-Even-Analyse** lässt sich jene Absatzmenge ermitteln, welche bei einer bestimmten Preisforderung erreicht werden muss, um Vollkostendeckung zu erreichen. Im Break-even-Punkt ist der Gewinn gleich null, d. h. es wird weder ein Gewinn noch ein Verlust erzielt, die Kosten werden durch den Erlös genau gedeckt. Die impliziert, dass G = 0 gesetzt werden muss.

Corporate Identity Corporate Identity (Unternehmensidentität oder -persönlichkeit) wird als ganzheitliches Strategiekonzept verstanden, das alle nach innen bzw. außen gerichteten Interaktionsprozesse steuert und das ein einheitliches Dach für die gesamte Kommunikation und das Erscheinungsbild des Unternehmens liefert.

Distributionspolitik Im Rahmen der **Distributionspolitik** legt das Unternehmen Absatzwege, also den Weg, auf dem ein Wirtschaftsgut vom Hersteller zum Verbraucher gelangt (Diller 2001), und Absatzorgane, also Organe der Hersteller mit Distributionsaufgaben, Distributionsmittler (Groß- und Einzelhandel), Distributionshelfer und Beschaffungsorgane der Konsumenten (Toporowski 2009), fest.

Emotionen Emotionen sind die grundlegenden menschlichen Antriebskräfte. Sie lösen beim Rezipienten über spezifische und allgemeine Erregungsvorgänge Aktivität aus. Darüber hinaus bestimmen diese Antriebskräfte bereits die allgemeine Richtung des resultierenden Verhaltens: In positiver Richtung erfolgt eine Hinwendung zur Situation, in negativer Richtung eine Vermeidung der Situation (Kroeber-Riel et al. 2008).

Kognitive Vorgänge **Kognitiv** sind Vorgänge, durch die der Rezipient Informationen aufnimmt, verarbeitet und speichert. Es handelt sich also um Prozesse der gedanklichen Informationsverarbeitung im weiteren Sinne.

Involvement Involvement beschreibt den Grad der langfristigen persönlichen Relevanz eines Stimulus sowie den Grad der kurzfristigen Aktivierung durch für die Person relevante stimulusgerichtete Reize im Rahmen von Informationssuche, -aufnahme, -verarbeitung und -speicherung.

Kalkulation auf Teilkostenbasis Bei einer **Kalkulation auf Teilkostenbasis (auch Deckungsbeitragsrechnung genannt)** werden die variablen Kosten als Ausgangspunkt genommen und darauf ein Bruttogewinnzuschlag berechnet. Dieser enthält dann nicht nur einen Gewinnanteil, sondern auch einen Beitrag an die fixen Kosten: $P = k_v + db$

Kommunikationspolitik Als **Kommunikationspolitik** wird die Gesamtheit der Kommunikationsinstrumente und -maßnahmen eines Unternehmens bezeichnet, die eingesetzt werden, um das Unternehmen und seine Leistungen den relevanten Zielgruppen des Unternehmens darzustellen (Rennhak 2001).

Marke Die **Marke** ist ein in der Psyche des Konsumenten fest verankertes, verdichtetes

Definitionen im Überblick

Vorstellungsbild von einem Produkt, das dieses von Angeboten des Wettbewerbs unterscheidbar macht.

Marktabschöpfungspolitik Die **Marktabschöpfungspolitik** ist durch einen relativ hohen Einführungspreis gekennzeichnet, der zunächst nur einen kleinen Kreis potentieller Käufer anspricht. Nach und nach werden dann die Preise gesenkt, um weitere Käuferkreise gewinnen zu können.

Marktdurchdringungspolitik Die **Marktdurchdringungspolitik** ist durch einen relativ niedrigen Einführungspreis gekennzeichnet, der in der Regel auch in den Folgeperioden beibehalten wird. Mit Hilfe des attraktiven Einstiegspreises versucht man eine rasche Marktdurchdringung und einen hohen Marktanteil zu erringen, um in diesem Stadium dann Rationalisierungs- und Kostensenkungspotentiale zu realisieren und nun Gewinne zu realisieren.

Marktsegmentierung Unter **Marktsegmentierung** versteht man „(…) die Aufteilung des heterogenen Gesamtmarktes für ein Produkt in homogene Teilmärkte oder Segmente und die gezielte Bearbeitung eines Segmentes (bzw. mehrerer Segmente) mit Hilfe segmentspezifischer Marketing-Programme (…)" (Freter 1983).

Preisbündelung Bei der **Preisbündelung** werden verschiedene Produkte zu einem Gesamtpreis angeboten, der unter der Summe der Preise für die Einzelprodukte liegt. Bei der reinen Bündelung werden die Produkte nur im Bündel angeboten und können nicht einzeln erworben werden. Bei gemischter Bündelung können die Produkte des Bündels auch einzeln erworben werden.

Preisdifferenzierung Von **Preisdifferenzierung** spricht man, wenn ein Unternehmen für (nahezu) gleiche Produkte unterschiedliche Preise verlangen kann und sich die Preisunterschiede nicht oder nicht gänzlich durch Kostenunterschiede begründen lassen.

Produktpolitik Die **Produktpolitik** umfasst alle Tätigkeiten, die sich auf die marktgerechte Gestaltung des Leistungsprogramms einer Unternehmung beziehen, d. h. alle Aktivitäten, die mit der Auswahl und Weiterentwicklung eines Produktes oder eines Produktbündels sowie dessen Vermarktung zusammenhängen. Die Produktpolitik kann somit als das „**Herz des Marketing**" aufgefasst werden, d. h. ohne diesen Teil des Marketing-Mix können alle anderen Teile nicht wirksam werden. Sie steht damit am Anfang jeglicher Marktgestaltung durch das Unternehmen überhaupt.

Produktprogramm Die Summe aller von einem Unternehmen angebotenen Produkte wird als **Produktprogramm, Produktportfolio** oder auch als **Produktsortiment bezeichnet.**

Produktlebenszyklus Der **Produktlebenszyklus** beschreibt den Verlauf von Absatz bzw. Umsatz im Zeitablauf zwischen der Markteinführung eines Produkts und dem Zeitpunkt an dem es vom Markt genommen, d. h. aus dem Produktprogramm eliminiert wird.

Preisbestimmung, kostenorientiert Die **kostenorientierte Preisbestimmung** beruht auf der Kostenrechnung des Rechnungswesens. Das dabei angewandte Verfahren wird als progressive Kalkulation, Zuschlagskalkulation oder „mark up pricing" bezeichnet. Grundsätzlich ergibt sich der Angebotspreis p aus den totalen Durchschnittskosten k, die um einen mehr oder weniger einheitlichen prozentualen Gewinnzuschlag g erhöht werden: $P = k(1 + g/100)$

Preiselastizität der Nachfrage Die **Preiselastizität der Nachfrage** misst, wie sich die Nachfragemenge verändert, wenn sich der Preis eines Gutes erhöht.

Product Placement Product Placement hat, unabhängig davon wie präzise oder unpräzise der Begriff in der Literatur definiert ist, folgende Eigenschaften: Das platzierte Produkt, dessen werbliche Intuition durch dramaturgische Notwendigkeit als Pseudorequisite getarnt werden soll, wird durch die Kooperation zwischen einem Markenartikelhersteller und dem Produzenten für eine Gegenleistung in einen Film, ein Buch, in den Hörfunk oder in ein Videospiel integriert.

Public Relations Public Relations (PR) bzw. Öffentlichkeitsarbeit bezeichnet die Politik des Werbens um das Vertrauen der Öffentlichkeit durch das Management von Informations- und Kommunikationsprozessen zwischen Unternehmen (oder allgemeiner Organisationen) einerseits und ihren externen oder internen Umwelten (Teilöffentlichkeiten) andererseits.

Verkaufsförderung Die **Verkaufsförderung** ist ein zeitlich und marktsegmentspezifisch gezielt einzusetzendes Instrument der Kommunikationspolitik. Sie dient der Aktivierung der Marktbeteiligten (wie z. B. eigene Vertriebsmitarbeiter, Händler, Kunden) mit dem Ziel der Erhöhung der Verkaufsergebnisse durch personen- und sachbezogene Zusatzleistungen zum Kernangebot.

Literaturverzeichnis

Ammann, P. (2000). Marktsegmentierung für Industriegüter. In W. Pepels (Hrsg.), *Marktsegmentierung. Marktnischen finden und besetzen* (S. 313–355). Heidelberg: Deutscher Fachverlag.

Arvidsson, A. (2008). Brand value. *Journal of Brand Management, 13*(3), 188–193.

Auer, M., & Kalweit, U. (2006). Das ist Product Placement. *Der Markenartikel, 4,* 173–175.

Backhaus, K. (1997). *Industriegütermarketing* (5. Aufl.). München: Vahlen.

Backhaus, K., & Voeth, M. (2004). Besonderheiten des Industriegütermarketing. In K. Backhaus, & M. Voeth (Hrsg.), *Handbuch Industriegütermarketing. Strategien – Instrumente – Anwendungen* (S. 3–21). Wiesbaden: Gabler.

Backhaus, K., Voeth, M. Vahlen (2011). *Industriegütermarketing* (9. Aufl.). München: Vahlen.

Backhaus, K., Büschken, J., & Voeth, M. (2003). *Internationales Marketing* (5. Aufl.). Stuttgart: .

Bagozzi, R. P., Rosa, J. A., Celly, K., & Coronel, F. F. (2000). *Marketing-Management*. München u. a.: Oldenbourg.

Bamberg, G. et al. (2008). *Statistik* (14. Aufl.). München: Oldenbourg.

Barry, T. E., & Howard, D. J. (1990). A Review and a Critique of the Hierarchy of Effects in Advertising. *International Journal of Advertising, 9,* 121–135.

Batra, R., & Ray, M. L. (1983). Operationalizing Involvement as Depth and Quality of Cognitive Response. *Advances in Consumer Research, 10,* 309–313.

Bauer, H. H., Sauer, N. E., & Müller, V. (2003). Lifestyle-Typologien auf dem Prüfstand. *absatzwirtschaft,* 9/2003(9), 36–39.

Bauer, H. H., Sauer, N. E., & Wagner, S. (2003). *Event-Marketing – Handlungsempfehlungen zur erfolgreichen Gestaltung von Events auf Basis der Werthaltungen von Eventbesuchern*. Mannheim: Institut für Marktorientierte Unternehmensführung.

Bayerl, S., & Rennhak, C. (2006). Entwicklungslinien Sponsoring. In C. Rennhak (Hrsg.), *Unternehmenskommunikation 2.0 – Neue Wege im Marketing* (S. 123–137). Stuttgart: ibidem.

Bayerl, S. / Rennhak, C. (2007): E-Markenführung. Munich Business School Working Paper 2007-01.

Becker, J. (2012). *Marketing-Konzeption. Grundlagen des ziel-strategischen und operativen Marketing-Managements* (10. Aufl.). München: Vahlen.

Behrens, G. (1991). *Konsumentenverhalten – Entwicklung, Abhängigkeiten, Möglichkeiten* (2. Aufl.). Heidelberg.: Physica-Verlag.

Berkekoven, L., Eckert, W., & Ellenrieder, P. (2009). *Marktforschung* (12. Aufl.). Wiesbaden: Gabler.

Bettman, J. R., & Park, C. W. (1980). Effects of Prior Knowledge and Experience and Phase of the Choice Process on Consumer Decision Processes – A Protocol Analysis. *Journal of Consumer Research, 7,* 234–248.

Böhler, H. (2005). Marktsegmentierung im Sportartikel-Einzelhandel. In W. Brehm, P. W. Heermann, & H. Woratschek (Hrsg.), *Sportökonomie* (S. 13–26). Bayreuth: Universität Bayreuth.

Böhler H. (1992): Marktforschung, 2. überarbeitete Auflage, Stuttgart et al.

Booz, A. H. (2000). Customer Lifetime Value. *Insight, 6/2000*(1).

Brander, S., Kompa, A., & Peltzer, U. (1989). *Denken und Problemlösen – Einführung in die kognitive Psychologie* (2. Aufl.). Opladen: Westdeutscher Verlag.

Brennan, I., & Babin, L. (2004). Brand Placement Recognition – The Influence of Presentation Mode and Brand Familiarity. In M.-L. Galician (Hrsg.), *Handbook of Product Placement in the Mass Media – New Strategies in Marketing Theory, Practice, Trends and Ethics*. Binghamton: Routledge.

Bromme, R., & Hömberg, E. (1977). *Psychologie und Heuristik*. Darmstadt: Springer.

Broom, G., Center, A., & Cutlip, S. (1994). *Effective Public Relations* (7. Aufl.). New Jersey: Wesley.

Brucks, M. (1985). The Effects of Product Class Knowledge on Information Search Behaviour. *Journal of Consumer Research, 12*, 1–16.

Bruhn, M. (2003). *Sponsoring – Systematische Planung und integrativer Einsatz* (4. Aufl.). Frankfurt am Main: Gabler.

Bruhn, M. (2004). Vorwort. In M. Bruhn (Hrsg.), *Handbuch Markenführung – Kompendium zum erfolgreichen Markenmanagement – Strategien – Instrumente – Erfahrungen* 2. Aufl. (Bd. 1, S. V–IX). Wiesbaden: Gabler.

Bruhn, M. (2005). *Kommunikationspolitik – Bedeutung, Strategien, Instrumente* (3. Aufl.). München: Vahlen.

Bruns, J. (2000). Marktsegmentidentifizierung. In W. Pepels (Hrsg.), *Marktsegmentierung. Marktnischen finden und besetzen* (S. 47–64). Heidelberg: Symposion.

Büschken, J., Meyer, M., & Weiber, R. (Hrsg.). (1998). *Entwicklungen des Investitionsgütermarketing*. Wiesbaden: Gabler.

Burmann, C., Meffert, H., & Koers, M. (2005). Stellenwert der Markenführung in Wissenschaft und. In H. Meffert, C. Burmann, & M. Koers (Hrsg.), *Markenmanagement – Identitätsorientierte Markenführung und praktische Umsetzung* (2. Aufl. S. 3–17). Wiesbaden: Praxis.

Cacioppo, J. T., & Petty, R. E. (1982). The Need for Cognition. *Journal of Personality and Social Psychology, 42*, 116–131.

Christensen, C. M., Cook, S., & Hall, T. (2006). Wünsche erfüllen statt Produkte verkaufen. *Harvard Business Manager, 84*(3), 71–78.

Cornwell, B. (2008). State of the Art and Science in Sponsorship-linked Marketing. *Journal of Advertising, 37*(3), 41–55.

Corsten, H. (1996). *Produktionswirtschaft* (6. Aufl.). München: Oldenbourg.

Corsten H., Reiß M. (1996): Betriebswirtschaftslehre, 2. Auflage, München: Oldenbourg

Cowley, E., & Barron, C. (2008). When Product Placement goes wrong – The Effects of Program Linking and Placement Prominence. *Journal of Advertising, 37*(1), 89–98.

Deimel, K. (1989). Grundlagen des Involvement und Anwendung im Marketing. *Marketing – Zeitschrift für Forschung und Praxis, 11*(3), 153–161.

Diller, H. (2001). *Vahlens Großes Marketing* (2. Aufl.). München: Vahlen.

Dörtelmann, T. (1997): Marke und Markenführung – Eine institutionstheoretische Analyse, Dissertation, Bochum.

Drengner, J. (2003). *Imagewirkungen von Eventmarketing – Entwicklung eines ganzheitlichen Messansatzes*. Wiesbaden: Gabler.

Duncker, K. (1935). *Zur Psychologie des produktiven Denkens*. Berlin: Springer. Unveränderter Neudruck 1963

Dworak, K. (1985). Noch ein Plädoyer für die Sachprobleme, nicht nur in der Marktforschung. *Zeitschrift für Betriebswirtschaft, 55*, 1272–1275.

Ennew, C. T., & Waite, N. (2013). *Financial Services Marketing – an International Guide to Principles and Practice 2nd ed.*. Oxford: Taylor & Francis.

Fill, C. (2005). *Marketing Communications*. London: Financial Times.

Literaturverzeichnis

Fischl, C. / Rennhak, C. (2006): Conglomerate Discount – eine empirische Analyse am Beispiel der DAX30-Unternehmen. Munich Business School Working Paper 2006-02.

Foscht, T., & Swoboda, B. (2007). *Käuferverhalten – Grundlagen, Perspektiven, Anwendungen* (3. Aufl.). Wiesbaden: Gabler.

Frank, B., & Rennhak, C. (2010). Product Placement – Das Beispiel Sex and the City: The Movie. In C. Rennhak (Hrsg.), *Kommunikationspolitik im 21. Jahrhundert* (S. 49–84).

Frank, R. E., Massy, W. F., & Wind, Y. (1972). *Market Segmentation*. New Jearsey: Englewood Cliffs.

Freter, H. (1983). *Marktsegmentierung*. Stuttgart u. a.: Kohlhammer.

Fritz, W. (2004). *Internet-Marketing und Electronic Commerce – Grundlagen – Rahmenbedingungen – Instrumente* (3. Aufl.). Wiesbaden.: Gabler.

Fuchs, C. (2005). *Leise schleicht's durch mein TV. Product Placement und Schleichwerbung im öffentlich-rechtlichen Fernsehen. Eine Inhaltsanalyse am Beispiel von „Wetten, dass...?"*. Jena: Mensch & Buch.

Gierl, H. (1995). *Marketing*. Stuttgart et al.: Kohlhammer.

Glaister, D. (2005): US networks cash in as advertisers turn to product placement. Spending on ‚branded entertainment' soars, guardian.co.uk.

Glogger, A. (1999). *Imagetransfer im Sponsoring – Entwicklung eines Erklärungsmodells*. Frankfurt am Main: Peter Lang.

Graf, G. (2002). *Grundlagen der Volkswirtschaftslehre* (2. Aufl.). Heidelberg: Physica.

Green, P. E., & Tull, D. S. (1982). *Methoden und Techniken der Marketingforschung* (4. Aufl.). Stuttgart: Schäffer-Poeschel.

Greenwald, A. G. (1968). Cognitive Learning, Cognitive Response to Persuasion, and Attitude Change. In A. G. Greenwald, T. C. Brock, & T. M. Ostrom (Hrsg.), *Psychological Foundations of Attitudes* (S. 147–170). New York: Lawrence Erlbaum.

Griffith, L. R., & Pol, L. G. (1994). Segmenting Industrial Markets. *Industrial Marketing Management, 23*(1), 39–46.

Grünewald St. (1998): Psychologische Repräsentativität als Qualitätskriterium in der Marktforschung, *planung&analyse2/98*, S. 22–25.

Haibach, M. (2002). *Handbuch Fundraising – Spenden, Sponsoring, Stiftungen in der Praxis*. Frankfurt am Main: campus.

Hammann, P., & Erichson, B. (2004). *Marktforschung* (5. Aufl.). Stuttgart: UTB.

Hanusch, H., & Kuhn, T. (1991). *Einführung in die Volkswirtschaftslehre*. Berlin et al.: Springer.

Harter, G., Koster, A., Peterson, M., & Stomberg, M. (2005). *Managing Brands for Value Creation – eine Studie der Booz Allen Hamilton GmbH und Wolff Olins*. www.boozallen.de

Haubl, R., Molt, W., Weidenfeller, G., & Wimmer, P. (1986). *Struktur und Dynamik der Person – Einführung in die Persönlichkeitspsychologie*. Opladen: Westdeutscher Verlag.

Heilman, C. M., Bowman, D., & Wright, G. P. (2000). The Evolution of Brand Preferences and Choice Behaviors of Consumers New to a Market. *Journal of Marketing Research, 37*, 139–155.

Heinemann, G. (1989). *Betriebstypenprofilierung und Erlebnishandel. Eine empirische Analyse am Beispiel des textilen Facheinzelhandels*. Wiesbaden.: Gabler.

Heinemann, K. (1989). Sportsponsoring – Ökonomische Chance oder Weg in die Sackgasse?. In A. Hermanns (Hrsg.), *Sport- und Kultursponsoring* (S. 62–77). München: Vahlen.

Herbst, D. (2009). *Das professionelle 1x1 – Corporate Identity* (4. Aufl.). Berlin: Cornelsen.

Herkner, W. (1992). *Psychologie* (2. Aufl.). Wien et al.: Springer.

Hermanns, A. (1997). *Sponsoring – Grundlagen, Wirkungen, Management, Perspektiven* (2. Aufl.). München: Vahlen.

Hesse, J., Neu, M., & Theuner, G. (2007). *Marketing-Grundlagen*. Berlin: Berlinder Wissenschafts-Verlag.

Hofstätter, P. R. (1960). *Das Denken in Stereotypen*. Göttingen: Vandenhoeck & Ruprecht.

Hofstätter, P. R., & Lübbert, H. (1958). Bericht über eine neue Methode der Eindruckanalyse in der Marktforschung. *Psychologie und Praxis, 2*, 71–77.

Hollensen, S., & Opresnik, M. (2010). *Marketing. A Relationship Approach*. München: Vahlen.

Howard, N., & Sheth, J. N. (1969). *The Theory of Buyer Behavior*. New York: John Wiley & Sons.

Janis, I. L., & Mann, L. (1977). *Decision Making – A Psychological Analysis of Conflict, Choice, and Commitment*. New York: Free Press.

Jenner, T. (1999). Markenführung als Lernprozess. *Harvard Businessmanager*, 5/1999(5), 20–29.

Johannsen, U. (1970). Methoden der Werbeerfolgskontrolle aus psychologischer Sicht. In K. C. Behrens (Hrsg.), *Handbuch der Werbung* (S. 753–772). Wiesbaden: Gabler.

Kaplan, A. M., & Haenlein, M. (2010). Users of the world, unite. *Business Horizons, 53*(1), 48–56.

Kearsley, J. (1995). *Die Werbewirkung direkt-vergleichender Werbung unter besonderer Berücksichtigung des Involvement-Konstrukts*. Göttingen: GHS.

Kesting, T., & Rennhak, C. (2008). *Marktsegmentierung in der deutschen Unternehmenspraxis*. Wiesbaden: Gabler.

Kleinaltenkamp, M. (2006). *Markt- und Produktmanagement – Die Instrumente des Business-to-Business-Marketing*. Wiesbaden: Gabler.

Kloss, I. (2007). *Werbung. Handbuch für Studium und Praxis* (4. Aufl.). München: Vahlen.

Koch, J. (1997). *Marktforschung – Begriffe und Methoden* (2. Aufl.). München, Wien: .

Koch, J. (1999). *Marketing – Einführung in die marktorientierte Unternehmensführung*. München et al.: Oldenbourg.

Kölblin, M. (1994). Werbeforschung – Drehen wir uns im Kreis oder gibt es wirklich Innovationen. In T. Tomczak, & S. Reinecke (Hrsg.), *Thexis – Fachbuch für Marketing* (S. 256–263). St. Gallen: Thexis.

Kotler, P. (2003). *Marketing Management* (11. Aufl.). New Jersey: Pearson.

Kotler, P., & Armstrong, G. (2006). *Principles of Marketing* (11. Aufl.). New Jersey: Pearson.

Kotler, P., & Bliemel, F. (2006). *Marketing-Management. Analyse, Planung und Verwirklichung* (10. Aufl.). München: Pearson.

Kranz, H. T. (1979). *Einführung in die klassische Testtheorie*. Magdeburg: Klotz.

Krech, D., & Crutchfield, R. S. (1971). *Grundlagen der Psychologie* Bd. II. Weinheim: Weltbild.

Kreutzer, R. (2010). *Praxisorientiertes Marketing – Grundlagen, Instrumente, Fallbeispiele*. Wiesbaden: Gabler.

Kroeber-Riel, W. (1987). Informationsüberlastung durch Massenmedien und Werbung in Deutschland. *Die Betriebswirtschaft, 47*(3), 257–264.

Kroeber-Riel, W., Weinberg, P., & Gröppel-Klein, A. (2008). *Konsumentenverhalten* (9. Aufl.). München: Vahlen.

Krüger, J., & Rennhak, C. (2006). Alles Event?. In C. Rennhak (Hrsg.), *Unternehmenskommunikation 2.0 – Neue Wege im Marketing* (S. 177–197). Stuttgart: ibidem.

Krugman, H. E. (1965). The Impact of Television Advertising – Learning Without Involvement. *Public Opinion Quarterly, 29*, 349–356.

Kuß, A. (1991). *Käuferverhalten*. Stuttgart u. a.: UTB.

Lavidge, R. J., & Steiner, G. A. (1961). A Model for Predictive Measurement of Advertising Effectiveness. *Journal of Marketing, 25*, 59–62.

Lenzen, A. (1996). *Corporate Identity in Banken*. Wiesbaden: Gabler.

Leonard, D. (2004). Nightmare on Madison Avenue. *Fortune, 149*(13), 93–108.

Literaturverzeichnis

Lienert, G. A. (1969). *Testaufbau und Testanalyse* (3. Aufl.). Weinheim: Beltz.
Likert, R. (1932). A Technique for the Measurements of Attitudes. *Archives of Psychology, 140*, 44–53.
Lindzey, G., & Hall, C. S. (1978). *Psychology* (2. Aufl.). New York: Worth.
Mantel, S. P., & Kardes, F. R. (1999). The Role of Direction of Comparison, Attribute-Based Processing, and Attitude-Based Processing in Consumer Preference. *Journal of Consumer Research, 25*, 335–352.
March, J. G., & Simon, H. A. (1976). *Organisation und Individuum – Menschliches Verhalten in Organisationen*. Wiesbaden: Gabler.
Mauri, A. G. (2007). Yield management and perception of fairness in the hotel business. *International Review of Economics, 54*(2), 284–293.
Mayer, H. (1990). *Werbewirkung und Kaufverhalten unter ökonomischen und psychologischen Aspekten*. Stuttgart: Schäffer & Poeschel.
Mayer, H. (1993). *Werbepsychologie* (2. Aufl.). Stuttgart.: .
McGuire, W. J. (1978). The Communication/Persuasion Matrix. In B. Lipstein, & W. J. McGuire (Hrsg.), *Evaluating Advertising* (S. 27–35). New York: Pearson.
Meffert, H. (1999). *Marktorientierte Unternehmensführung im Wandel*. Wiesbaden: Gabler.
Meffert, H. (2000). *Marketing. Grundlagen marktorientierter Unternehmensführung. Konzepte – Instrumente – Praxisbeispiele* (9. Aufl.). Wiesbaden: .
Meffert, H. (2001). Erfolgreiche Markenführung im Internetzeitalter – Integration von klassischem und e-Branding. In GFK (Hrsg.), *Markenführung im Wandel – E-Branding als Baustein moderner Marktkommunikation* (S. 7–36). Nürnberg: GfK.
Meyer, P. W. (1996). *Integrierte Marketingfunktion* (4. Aufl.). Stuttgart: Kohlhammer.
Mitchell, A. A. (1979). Involvement – A potentially important Mediator of Consumer Behavior. *Advances in Cosumer Research, 6*, 191–196.
Müller, W. (2002). *Eventmarketing. Grundlagen – Rahmenbedingungen – Konzepte – Zielgruppe – Zukunft*. Norderstedt: VDM.
Müller-Hagedorn, L. (2001). Familienlebenszyklus. In H. Diller (Hrsg.), *Vahlens Großes Marketinglexikon* (2. Aufl. S. 466–468). München: Vahlen.
Neibecker, B. (1990). *Werbewirkungsanalyse mit Expertensystemen*. Konsum und Verhalten, Bd. 26. Heidelberg: Physica.
Nieschlag, R., Dichtl, E., & Hörschgen, H. (1997). *Marketing* (18. Aufl.). Berlin: Duncker & Humblot.
Nufer, G., & Rennhak, C. (2008). Marktforschung. In S. Häberle (Hrsg.), *Das neue Lexikon der Betriebswirtschaftslehre* (Bd. F-M, S. 828–832). München: Oldenbourg.
Opaschowski, H. W. (2001). *Deutschland 2010 – Wie wir morgen leben – Voraussagen der Wissenschaft zur Zukunft unserer Gesellschaft*. Hamburg: Gütersloher Verlagshaus.
Opresnik, M. O., & Rennhak, C. (2014). *Grundlagen der Allgemeinen Betriebswirtschaftslehre* (2. Aufl.). Wiesbaden: Gabler.
Osgood, C. E., Suci, G. J., & Tannenbaum, P. H. (1957). *The Measurement of Meaning*. University of Illinois Press: Urbana.
Pepels, W. (1997). *Einführung in die Kommunikationspolitik*. Stuttgart: Schäffer & Poeschel.
Pepels, W. (1998). Auswahlverfahren in der Quantitativen Marktforschung. *planung&anlyse*, 1/1998(1), 4–51.
Pepels, W. (2007). *Marketing – Lehr- und Handbuch* (5. Aufl.). München: Oldenbourg.

Petty, R. E., & Cacioppo, J. T. (1983a). Central and Peripheral Routes to Persuasion – Application to Advertising. In L. Pery, & A. Woodside (Hrsg.), *Advertising and Consumer Psychology* (S. 3–23). Lexington: Rowman & Littlefield.

Petty, R. E., & Cacioppo, J. T. (1983b). Source Factors and the Elaboration Likelihood Model of Persuasion. *Advances in Consumer Research, 11*, 668–672.

Petty, R. E., & Cacioppo, J. T. (1984). The Effects of Involvement on Responses to Argument Quantity and Quality – Central and Peripheral Routes to Persuasion. *Journal of Personality and Social Psychology, 46*, 69–81.

Petty, R. E., & Cacioppo, J. T. (1986). *Communication and Persuasion – Central and Peripheral Routes to Attitude Change*. New York et al.: John Benjamins.

Petty, R. E., Unnava, R. H., & Strathmann, A. J. (1991). Theories of Attitude Change. In T. Robertson, & H. Kassarjian (Hrsg.), *Handbook of Consumer Behavior* (S. 241–280). New Jearsey: Englewood Cliffs.

Pfetzing, A. (2004). *Instrumente des Marketing*. Berlin: GRIN.

Preston, I. L., & Thorson, E. (1983). Challenges to the Use of Hierarchy Models in Predicting Advertising Effectiveness. In *Proceedings of the Annual Convention of the American Academy of Advertising* (Bd. 7, S. 27–33).

Ramme, I., Waldner, A., Franchi, D., & Köhler, A. (2008). *Product Placement Monitor 2008. Wirkungen und Chancen*. Nürtingen: Hochschule für Wirtschaft und Umwelt Nürtingen-Geislingen.

Rao, V. R. (2009). *Handbook of Pricing Research in Marketing*. Cheltenham et al.: Edward Elgar.

Renker, C. (2009). *Marketing im Mittelstand. Anforderungen, Strategien, Maßnahmen* (3. Aufl.). Berlin: Erich Schmidt.

Rennhak, C. (2001). *Die Wirkung vergleichender Werbung*. Wiesbaden: Gabler.

Rennhak, C. (Hrsg.). (2006). *Herausforderung Kundenbindung*. Wiesbaden: Gabler.

Rennhak, C., & Nufer, G. (2008). Stichwort Product Placement. In S. G. Häberle (Hrsg.), *Das neue Lexikon der Betriebswirtschaftslehre*. München: Oldenbourg.

Rogers, E. M. (1962). *Diffusion of Innovation*. New York: Free Press.

Rogge, H.-J. (1993). *Werbung* (3. Aufl.). Kiel: NWB.

Roth, E. (1967). *Einstellung als Determination individuellen Verhaltens*. Göttingen: Hogrefe.

Rothman J., Mitchell D. (1989): Statisticians can be creative too, *Journal of the Market Research Society*, Vol. 31, S. 456–466

Russel, E. (2010). *Grundlagen des Marketing*. München: Stiebner.

Sattler, H. (2001). *Markenpolitik*. Stuttgart et al.: Kohlhammer.

Schallmo, D. (2003). *Grundzüge des Franchising und Umsetzungsbeispiele*. Berlin: GRIN.

Schmidt, C. (2006): Erlaubt ist, was gefällt. In: Süddeutsche Zeitung Nr. 104 vom 6./7. Mai 2006, S. 25.

Schnell, R., Hill, P. B., & Esser, E. (1999). *Methoden der empirischen Sozialforschung* (6. Aufl.). München: Vahlen.

Schorr, A. (1999). Ganzheitlicher forschen – Emotionaler werben, Teil 1. Absatzwirtschaft, 11/1998(11), 86–98.

Schulze, G. (1997). *Die Erlebnisgesellschaft – Kultursoziologie der Gegenwart* (7. Aufl.). Frankfurt: campus.

Schwaiger, M. (1993). *Hochrechnungsverfahren im Marketing*. München: Vahlen.

Schwaiger, M. (1997). *Multivariate Werbewirkungskontrolle – Konzepte zur Auswertung von Werbetests*. Reihe Neue betriebswirtschaftliche Forschung, Bd. 231. Wiesbaden: Gabler.

Literaturverzeichnis

Silberer, G. (1979). *Warentest – Informationsmarketing – Verbraucherverhalten*. Berlin: Nicolaische Verlagsbuchhandlung.
Simon, H. A. (1957). *Models of Man*. New York: Wiley & Sons.
Simon, H. A. (1957). *Administrative Behavior* (2. Aufl.). New York: Free Press.
Simon, H. A. (1964). Rationality. In J. Gould, & W. L. Kold (Hrsg.), *A Dictionary of the Social Science* (S. 573–586). London: Free Press.
Simon, H., & Fassnacht, M. (2009). *Preismanagement – Strategie, Analyse, Entscheidung, Umsetzung* (3. Aufl.). Wiesbaden: Gabler.
Sixtl, F. (1982). *Meßmethoden der Psychologie* (2. Aufl.). Weinheim: Beltz.
Slovic, P. (1972). Information Processing, Situation Specifity, and Generality of Risk-Taking Behavior. *Journal of Personality and Social Psychology*, 22, 128–134.
Slovic, P., & MacPhillamy, D. (1974). Dimensional Commensurability and Cue Utilization in Comparative Judgement. *Organizational Behavior and Human Performance*, 11, 172–194.
Smith, R. E. (1993). Integrating Information from Advertising and Trial – Processes and Effects on Consumer Response to Product Information. *Journal of Marketing Research*, 30, 204–219.
Smith, R. E., & Swinyard, W. R. (1982). Information Response Models – An Integrated Approach. *Journal of Marketing*, 46, 81–93.
Stayman, D. M., & Aaker, D. A. (1988). Are All the Effects of Ad-Induced Feelings Mediated by AAD. *Journal of Consumer Research*, 15, 368–373.
Steiner, M. (1993). Konstituierende Entscheidungen. In M. Bitz, M. Domsch, M. Ewert et al. (Hrsg.), *Vahlens Kompendium der Betriebswirtschaftslehre 3*. Aufl. (Bd. 1, S. 115–169). München: Vahlen.
Stier, W. (1999). *Empirische Forschungsmethoden* (1. Aufl.). Heidelberg: Springer.
Suvatjis, J. Y., & de Chernatony, L. (2005). Corporate Identity Modelling – A Review and Presentation of a New Multi-dimensional Model. *Journal of Marketing Management*, 21, 809–834.
Taylor H. (1995): Horses for Courses – How Survey Firms in Different Countries measure Public Opinion with Very Different Methods, *Journal of the Market Research Society*, Vol 37, S. 211–219
Thommen, J.-P., & Achleitner, A.-K. (2012). *Allgemeine Betriebswirtschaftslehre. Umfassende Einführung aus managementorientierter Sicht* (7. Aufl.). Wiesbaden: Gabler.
Thurstone, L. L. (1927). A Law of Comparative Judgement. *Psychological Review*, 34, 273–286.
Thurstone, L. L., & Chave, E. J. (1927). *The Measurement of Attitude*. Chicago: University of Chicago Press.
Tomczak, T., & Sausen, K. (2003). Integrierte Marktsegmentierung. *persönlich – Die Zeitschrift für Marketing und Unternehmensführung*, 8/2003, 50–51.
Toporowski, W. (2009). *Strategisches Beschaffungsmanagement und Vertriebsmanagement*. München: Vahlen.
Trommsdorff, V. (1993). *Konsumentenverhalten* (2. Aufl.). Stuttgart et al: Kohlhammer.
Unger, F., & Fuchs, W. (2005). *Management der Marketing-Kommunikation*. Berlin: Springer.
Vehlow, B. (2005). *Time Budget 12: 1999 bis 2005, November 2005*. http://appz.sevenonemedia.de
Vossebein, U. (2000). Grundlegende Bedeutung der Marktsegmentierung für das Marketing. In W. Pepels (Hrsg.), *Marktsegmentierung. Marktnischen finden und besetzen* (S. 19–46). Heidelberg: Symposion.
Weinberg, P. (1981). *Das Entscheidungsverhalten der Konsumenten*. Paderborn et al.: UTB.
Weinberger, A. (2010). *Corporate Identity – Großer Auftritt für kleine Unternehmen*. München: Stiebner.
Wells, W. D. (1964). EQ, Son of EQ, and the Reaction Profile. *Journal of Marketing*, 28, 45–49.

Wells, W. D., & Gubar, G. (1966). Life Cycle Concept in Marketing Research. *Journal of Marketing Research*, 3(4), 355–363.

Wertheimer, M. (1957). *Produktives Denken*. Frankfurt/Main: Kramer.

Wilkie, W. L. (1994). *Consumer Behavior* (3. Aufl.). New York: John Wiley & Sons.

Winkelmann, P. (2012). *Vertriebskonzeption und Vertriebssteuerung – Die Instrumente des integrierten Kundenmanagements* (5. Aufl.). München: Vahlen.

Wünschmann, S., Leuteritz, A., & Johne, U. (2004). Erfolgsfaktoren des Sponsoring – Ergebnisse einer empirischen Studie. *Dresdner Beiträge zur Betriebswirtschaftslehre der Technischen Universität Dresden*, 90(90).

Yang, M., & Roskos-Ewoldsen, D. (2007). The Effectiveness of Brand Placements in the Movies – Levels of Placement, Explicit and Implicit Memory, and Brand-Choice Behaviour. *Journal of Communication*, 57, 469–488.

Zanger, C., & Drengner, J. (2004). *Eventreport 2003 – Eine Trendanalyse des deutschen Eventmarktes und dessen Dynamik*. Chemnitz: awl.

Zentes, J. (1988). *Grundbegriffe des Marketing*. Stuttgart: Schäffer & Poeschel.

Zipfel, A. (2009). *Wirkung von Product Placement*. In: Gröppel-Klein, A. / Germelmann, C. (Hrsg.): Medien im Marketing – Optionen der Unternehmenskommunikation, Wiesbaden, Gabler. S. 151–174.

Studienwissen kompakt:

Die neue Lehrbuchreihe für alle Studiengebiete der Wirtschaft!

Opresnik et al.
Allgemeine Betriebswirtschaftslehre
2. Aufl. Brosch. € (D) 14,99 |
€ (A) 15,41 | * sFr 19,00
ISBN 978-3-662-44326-2

Holzmann
Wirtschaftsethik
Brosch. ca. € (D) 14,99 |
€ (A) 15,41 | * sFr 19,00
ISBN 978-3-658-06820-2

Arndt
Logistikmanagement
Brosch. € (D) 14,99 |
€ (A) 15,41 | * sFr 19,00
ISBN 978-3-658-07211-7

Franken
Personal: Diversity Management
Brosch. € (D) 14,99 |
€ (A) 15,41 | * sFr 19,00
ISBN 978-3-658-06796-0

Egner
Internationale Steuerlehre
Brosch. ca. € (D) 14,99 |
€ (A) 15,41 | * sFr 19,00
ISBN 978-3-658-07350-3

€ (D) sind gebundene Ladenpreise in Deutschland und enthalten 7% MwSt. € (A) sind gebundene Ladenpreise in Österreich und enthalten 10% MwSt.
Die mit * gekennzeichneten Preise sind unverbindliche Preisempfehlungen und enthalten die landesübliche MwSt. Preisänderungen und Irrtümer vorbehalten.

Jetzt bestellen: springer-gabler.de

MIX
Papier aus verantwortungsvollen Quellen
Paper from responsible sources
FSC® C105338

If you have any concerns about our products,
you can contact us on
ProductSafety@springernature.com

In case Publisher is established outside the EU,
the EU authorized representative is:
**Springer Nature Customer Service Center GmbH
Europaplatz 3, 69115 Heidelberg, Germany**

Printed by Libri Plureos GmbH
in Hamburg, Germany